英特尔平台编程

英特尔®软件学院教材编写组　编

上海交通大学出版社

内 容 提 要

本书从程序员的角度介绍了软件优化过程中如何使用Intel公司的高性能C++编译器和性能分析器VTune等工具，寻找性能瓶颈和优化代码，以利用编译器的强大能力和Intel处理器等硬件的性能，从而编写出高质量和高性能的应用代码。

本书可作为高等学校学生在学习C语言编程之后的软件优化进阶教材，也可供广大C和C++程序员参考。

图书在版编目(CIP)数据

英特尔平台编程 / 英特尔®软件学院教材编写组编.
—上海：上海交通大学出版社，2011
英特尔软件学院系列课程培训教材
ISBN 978-7-313-06868-2

Ⅰ.①英… Ⅱ.①英… Ⅲ.①程序设计-技术培训-教材 Ⅳ.①TP311.1

中国版本图书馆CIP数据核字(2010)第197740号

英特尔平台编程

英特尔®软件学院教材编写组 编

上海交通大学出版社出版发行

(上海市番禺路951号 邮政编码200030)

电话：64071208 出版人：韩建民

上海崇明南海印刷厂印刷 全国新华书店经销

开本：787 mm×960 mm 1/16 印张：14.5 字数：265千字

2011年1月第1版 2011年1月第1次印刷

印数：1～5 030

ISBN 978-7-313-06868-2/TP 定价：49.50元

序

进入21世纪，信息技术和信息产业在全球范围内迅猛发展的势头更为强劲，如何尽快适应新技术和新应用带来的挑战，及时更新员工知识结构，并动态调整企业人才培养战略，已经成为广大科技公司迫切需要解决的问题之一。对于高等教育、职业教育等专业组织机构来说，则面临着紧跟企业前进步伐，准确接轨社会发展趋势，瞄准世界科技前沿水平，不断进行教育教学创新，提高学生实践能力，开拓学生知识视野的现实需求。在中国，尽管近年来已经在科技人才培养方面取得了长足的进步，但是就整体现状而言，尤其在知识更新和技术创新方面，距离完全满足社会的需求还存在着较大的发展空间。

英特尔公司历来关注技术的发展创新和科技人才的培养。英特尔®软件学院隶属于英特尔软件与服务事业部，作为英特尔公司专业的对外培训机构，为全球的软件开发人员提供了丰富的前沿技术培训课程。多年来，英特尔®软件学院一直致力于培训软件开发人员，与中国的软件开发人员共同发展，帮助其掌握和应用英特尔的最新技术及经验，提高软件开发技术水平，提升产品开发技能。目前，英特尔®软件学院在中国已经发展成为面向软件开发、项目管理及商业运营方向的优秀一站式培训服务基地。依托英特尔公司强大的师资力量，沿袭英特尔用户需求至上的传统，英特尔®软件学院已经与国内多家知名公司、大学和教育机构建立了长期稳定的合作关系，迄今已有数万名工程师和大学教师参与了英特尔®软件学院的技术培训，并学以致用。

《英特尔®软件学院系列课程》由英特尔®软件学院牵头，联合国内的顶级高等学府合作编写。相信这本教材作为英特尔®软件学院的重点课程之一，在科技人才培养和知识创新方面必将发挥重要的作用。

英特尔亚太研发有限公司总经理

英特尔公司软件与服务事业部中国区总经理

梁兆柱博士

前言

随着计算机体系结构和硬件技术的发展，硬件的价格越来越便宜，与此同时，其性能也有了飞速的提高，但是这并不意味着在编写代码时无须考虑优化，许多应用，特别是科学计算、多媒体处理等，需要从算法和数据结构的设计、代码的编写和性能瓶颈的解决等方面来提高应用的性能。大多数有关程序语言编程的书籍主要描述该语言支持的数据类型以及控制结构等语言特征，而有关编译的书籍则更多地侧重于介绍编译器的基本原理以及编译器的实现，本书从程序员的角度来介绍在软件优化过程中如何使用 Intel 公司的高性能 C++编译器和性能分析器 VTune 等工具，寻找性能瓶颈和优化代码，以利用编译器的强大能力和 Intel 处理器等硬件的性能，从而编写出高质量和高性能的应用代码。

本书介绍的软件优化中，采用的环境和示例主要以 Windows 操作系统下的 C 语言程序为参考，但是其基本思想也可以用在 Linux 操作系统的 C 语言以及 C++语言编程中。第 1 章首先回顾了 C 语言，以帮助读者复习一下 C 语言编程的基本架构、数据类型和数据结构；第 2 章介绍了如何写出好的代码，如何保证代码的易读和可维护性，同时也介绍了一些在代码编写过程中可以采用的通用编程技巧；第 3 章介绍了为什么需要从软件设计开始就考虑性能并贯穿整个软件开发周期，同时介绍了一个自顶向下的软件优化策略、常用的性能调试工具以及如何选择和设计一个好的 Benchmark；

第 4 章介绍了高性能的 Intel C++编译器的使用，包括常用的编译选项、支持的语言扩展等；第 5 章则介绍了如何使用 Intel 性能分析器 VTune 来寻找和分析应用的性能瓶颈以进行进一步的优化；最后一章介绍了一些特别针对 Intel 处理器特性的优化，包括分支、缓存优化以及如何利用 SIMD 来提高并行性等，最后介绍了 Intel 公司的针对处理器作了特别优化的性能库 MKL 和 IPP 的使用。

本书可以作为普通高校学生在学习 C 语言编程之后的软件优化进阶教材，也可供广大 C 和 C++程序员参考。

编著者

2010 年 9 月

目录

1 C语言综述

C语言作为应用范围最广的高级语言之一，它表达能力强，目标代码效率高，可移植性好，既具有高级语言的优点，又具有低级语言的特点，因此要想成为一名优秀的程序员，你就必须对C语言有所了解。本章就是为了这样的一个目的而写的，它的目标读者至少已经掌握了一定的编程基础（比如掌握其他一门语言），而现在想要快速地学会C语言，如果是以前学过C语言但不是很熟的读者，本章将会帮助你重新找回C语言的知识。

1.1 示例程序

设一篇英文文件全部由英文单词和空白符组成，其中英文单词被空白符分隔开。下面的程序用来统计正文文件中的行数、单词和字符数。

程序的编程思想是：顺序读入每个字符，当发现一个新的单词时，单词计数器增1。为了标记一个单词的开始与结束，程序引入一个状态变量。当程序发现正处在单词中时，置其值为“在单词中”，发现不在单词中时，置其值为“不在单词中”。下面是程序的源代码：

stdafx.h

```
// stdafx.h : 标准系统包含文件的包含文件，
// 或是常用但不常更改的项目特定的包含文件
//

#pragma once


#include <stdio.h>
#include <tchar.h>
#define TOFILE

// TODO: 在此处引用程序要求的附加头文件

```

Example. c

```
// Example.cpp : 定义控制台应用程序的入口点。
//

#include "stdafx.h"
#define IN 1 // 正在单词中
#define OUT 0 //当前不在单词中


FILE *fp ;

typedef struct
{
    int line_num  ;
    int word_num  ;
    int char_num  ;
}INFO ;

void Myout(char fname [40] , INFO *fileinfo);

int main(int argc, char* argv[])
{
    int  ch , state ;//状态变量
    INFO fileinfo ;
    char fname[40] ; //存储文件名
    printf ("输入文件名! \n");
    scanf("%s%*c", fname );

    if((fp = fopen(fname, "r")) == NULL )
    {//以输入方式打开正文文件
      printf("不能打开文件%s。\n" , fname);
      return 0 ;
    }

    state = OUT ; fileinfo.line_num =fileinfo. word_num = fileinfo.char_num = 0 ;
    while ((ch = fgetc(fp)) != EOF )
    {//这里对刚输入的字符信息ch作某种处理
       ++ fileinfo.char_num ;
      if(ch == '\n')
          ++ fileinfo.line_num ;

      if(ch == ' ' || ch == '\n' || ch == '\t')
          state = OUT ;
      else if(state == OUT)
          {
             state = IN ;
             ++ fileinfo.word_num ;
          }
    }
    fclose(fp) ;

#ifdef  TOFILE
    printf("文件%s有%d行、有%d单词和有%d字符。\n", fname , fileinfo.line_num ,
          fileinfo.word_num , fileinfo.char_num);
#else
    Myout(fname , & fileinfo);
#endif
```

```
    return 1;
}

void Myout(char fname [40] , INFO *fileinfo)
{
    FILE *fp ;
    char outfilename[40] ;

    printf("请输入输出目标文件：\n");
    scanf("%s%*c",outfilename );

    if((fp = fopen(outfilename,"w")) == NULL )
    {
          fprintf(stderr , "Can't open %s . \n",outfilename);
          return ;
    }

    fprintf(fp,"文件%s有%d行、有%d单词和有%d字符。\n",fname ,fileinfo->line_num ,
          fileinfo->word_num ,fileinfo->char_num);
}
```

上面的程序已经经过作者编译通过，有兴趣的读者可自己在机器上编译试验一下。下面将给出一个测试例子。假设测试例子文件名是 test. txt。

test. txt

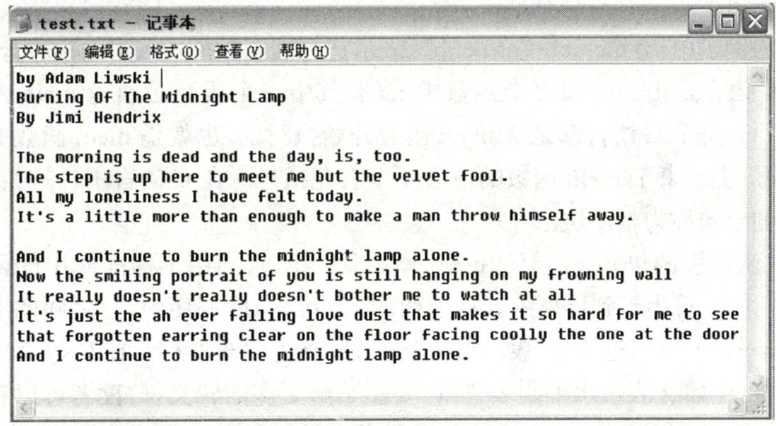

by Adam Liwski
Burning Of The Midnight Lamp
By Jimi Hendrix

The morning is dead and the day, is, too.
The step is up here to meet me but the velvet fool.
All my loneliness I have felt today.
It's a little more than enough to make a man throw himself away.

And I continue to burn the midnight lamp alone.
Now the smiling portrait of you is still hanging on my frowning wall
It really doesn't really doesn't bother me to watch at all
It's just the ah ever falling love dust that makes it so hard for me to see
that forgotten earring clear on the floor facing coolly the one at the door
And I continue to burn the midnight lamp alone.

运行程序得到的结果如下：

```
"d:\work\Example\Example\Debug\Example.exe"
输入文件名！
test.txt
文件test.txt有14行、有125单词和有634字符。
Press any key to continue
```

1.2 Hello world

学好一门语言的唯一途径就是用这门语言写程序。学习所有语言都一样，第一个要学会写的程序就是：

打印出语句：hello world！

从上面的示例中我们可以轻易发现C语言的程序入口是main函数。而打印函数就是printf函数。因此，同样可以轻易地写出C语言的hello world：

```
#include <stdio.h>
void main ()
{
    printf("hello world ! \n");
}
```

输出结果：

hello world！

在上面的例子中，#include<stdio.h>表示把标准函数库(standar library)链接到程序。C语言是由一个或多个函数组成的，其中一个函数必须是main函数(即程序入口)。每个C语言都是从main函数开始执行的，也就是main函数的第一个左花括号，也结束于main函数的最后一个右花括号。在C语言中，一对花括号所括起来的语句称为程序块。

在main函数里的语句printf("hello world！\n")；调用了标准库中的函数printf，把“”间的字符串打到屏幕上。在上面的hello world程序中，“”之间的字符串是“hello world！\n”，这里\n表示的是转义符，意为回车换行。在C语言中还有很多转义符，比如\t表示水平制表符等，要想了解更多的转义符，读者可以参考相关资料，作者不再赘述。printf语句的最后是分号“;”，在C语言中它表示一条语句的结束。

1.3 注　释

一个好的编程习惯，离不开注释。在程序里加上注释，可以提高程序的可读性。注释不会在程序运行时使计算机执行任何动作，它的存在只是为了帮助自己和其他人阅读和理解程序。

读者也许已经在本章开头的示例中已经注意到"//"的语句了(程序的第1、2句)。对的,这就是C语言中的一种注释。它表示注释掉"//"所在行且属于"//"后面的符号。它的一般写法就是:

//注释语句。

例如:

```
//Example.c：定义控制台应用程序的入口点。
```

除了"//"语句外,C语言还提供了"/* */"语句。它表示注释掉"/*"和"*/"间的符号。它的用法就是:

/* 注释语句 */

例如:

```
/*
  for(int i = 0 ;i < 20 ;i ++)
  {
        printf("%d\n",i);
  }
*/
```

1.4 基本词汇

C语言的基本词汇包含:

(1) 字面形式的常量,如55、66.0、"good"。

(2) 运算符等。

(3) 关键字,如if 、do 等。

(4) 标识符,用于命名程序对象,比如变量的名字。

在C语言中,一个合理的标识符有英文字母或下画线开头,后跟或不跟由字符、下画线、数字符组成的字符列。

1.5 基本数据类型

任何编程语言基础应该就是它提供的数据类型。在C语言中,它提供了整型、实数型和字符型三种基本数据类型。基本类型允许程序员直接在程序里定义变量，例如示例里的 22 行和 24 行。

1.5.1 整型

在示例的 22 行，该语句定义的就是整型变量。在 C 语言中，将整型数据的数值范围分成三种：基本整数、短整型、长整型。对这三种整型数据的内部表示的最高位的不同理解又可分为两类：带符号和不带符号。

(1) 基本整型。用 int 标记。

(2) 短整型。用 short int 标记，简记 short。

(3) 长整型。用 long int 标记，简记 long。

以上三种整型数据的类型都包含有符号的，如果在它们的标记前面加上 unsigned，就表示定义的变量是不带符号的正整数。

例如：

```
int    newvar    ;
unsigned int    unsigned_int;
long    long_var;
short    short_var;
```

1.5.2 实数型

C 语言的实数类型有三种：

(1) 单精度实数型。用 float 标记，又称浮点型。

(2) 双精度实数型。用 double 标记。

(3) 长双精度实数型。用 long double 型。

例如：

```
float    float_var;
double double_var;
```

在 C 语言中也会出现实数型的常量，它一般可按下面的格式书写：

正负号　　整数部分　　.　小数部分　　指数部分

其中正负号可有可无，没有正负号表示该常量为正实数。整数部分和小数部分都是字符序列；指数部分的格式是：

E(或者 e)　正负号　十进制数字序列

通常在书写实数型常数的时候整数部分和小数部分是可以任选的，但是必须要有一个部分。小数点和指数部分不可以同时没有。

例如：

```
下面是实数型常数：
    8.    3E6    1.9e-6    .423
```

1.5.3　字符型

字符型顾名思义就是用来表示字符的数据类型。在 C 语言中使用 char 来标记字符型。字符型的计算机内部表示是字符的 ASCII 代码的值，相当于一个整型数据。可如下定义字符型的变量。

例如：

```
char  char_var;
```

字符型常量的书写方法有两种：

(1) 直接使用字符定义。用单引号括住一个字符，如't'，'h'等对于转义字符可以使用转义符号表示，如回车符可表示成'\n'等。

(2) 直接使用字符的 ASCII 代码来定义。如'A'等价定义是'\101'。

在定义字符型常量的时候，应该注意的是不能与字符串的定义相混淆。在 C 语言中，字符串常量的书写是用一对双引号把字符系列括起来，例如：

“one night in beijing !”，“only you !”，“b” 等。

而字符型常量的书写则是使用单引号，因此下面的语句是错误的：

char　　char_const = “k” ;

在 C 语言中，char 型和 int 型的数据之间是可以通用的，它们之间可以进行混合运算。因此 int 型数据可以使用“%c”来显示 ASCII 码等于该数据的字符，同时也可以使用“%d”来显示出字符型数据所对应的 ACSII 码值。

1.6　指　　针

读者也许也已经注意到了 Example.c 示例的第 9 行 FILE ＊fp 的写法，这就是 C 语言中一个重要的概念——指针。

指针是C语言中最难掌握的概念，它能够模拟传引用调用，并且能够建立和操作动态数据结构。指针可以理解为内存单元的地址，所以指针变量就可以理解为内存中的某个存储单元，该单元存储的是其他内存位置的地址。比如指针 temp_p 是指向 int 变量 temp 的，而 temp 在内存中的地址是 980，那么 temp_p 在内存中的值就是 980。指针变量的定义形式如下：

类型T　＊T类型指针变量名。

对于任何类型 T，都可以建立指向 T 的指针。指针类型使用的两个最重要运算符是地址运算符 & 和间接访问运算符 *，前者生成指针值，即获取变量的地址，后者访问指针所指的对象。

例如：

```
int i = 9,j,*p;
p = &i;
i = 90;
j = *p;
*p = 80;
```

最终，j 的值是 90，i 的值是 80。

这里需要注意的是指针类型有一个特殊的值 null。它表示指针没有指向任何位置。这里需要注意的一个问题是无效指针，所谓无效指针就是指指针变量的值不等于 null，也没有指向任何合法有效的对象。产生无效指针的原因通常是因为在声明指针变量时没有进行初始化。指针在C语言里使用是非常常见的，比如函数的传引用调用、数组指针和指针数组等，读者要想详细地了解这方面的内容，可以阅读C语言的专业书籍。

1.7 自定义类型

Example.c 示例的 11～16 行：

```
typedef struct
{
    int line_num   ;
    int word_num   ;
    int char_num   ;
}INFO  ;
```

自定义了一种类型。在C语言中,程序员可以使用C语言提供的一些基本数据类型组合封装成符合自己需求的类型。C语言提供了以下几种个性类型的定义方法。

1.7.1 结构类型

其实在Example.c示例的11～16行,定义的个性类型就是C语言中最常见的自定义类型。那么什么是结构类型,怎样定义结构类型呢?

结构就是用同一个名字引用的相关变量的集合。结构中可包含多种不同的数据类型的变量。结构是用其他类型的对象构造出来的派生数据类型。定义一个结构类型的一般形式是:

```
Struct 结构类型名{
        成分说明表
};
```

关键字struct引出了结构的定义。接着任选一个标记符来命名要定义的结构类型。用花括号括起来的部分是结构类型的主要部分,它定义了结构类型的成员变量。每个成员变量的定义形式和在程序其他地方的定义变量是一样的,除了不能在定义的时候初始化,形式为:类型　成员变量名。

例如:

```
struct   Test
{
     int   int_member ;
     char char_member ;
     double *    dp_member ;
}
```

定义好了一个结构类型以后,自然地要在程序的其他处用到该类型,这里就包括结构类型变量的定义和结构成员的访问。

在C语言中,结构类型变量的定义和其他类型的变量定义一样,但是也有它特别的地方,定义结构变量的方法有两种。

(1) 已经定义好了结构类型,再利用结构类型名定义变量。形式如:

struct　结构类型名　结构变量名列表;

类如定义Test的变量:

```
struct Test test_var ;
```

(2) 在定义结构类型的时候定义结构变量。形式如：

```
Struct 结构类型名{
        成分说明表
}结构变量名列表;
```

例如：

```
struct   Test
{
      int   int_member ;
      char char_member ;
      double *    dp_member ;
}test_var, * test_p ;
```

既然结构类型可以定义变量(包括指针变量),那么肯定就会涉及结构成员的访问。

对于普通变量使用运算符“.”来访问,形式如下：

结构类型变量名.结构成员

对于指针变量可以使用运算符“->”来访问,注意“-”和“>”间不能有空格。形式如下：

结构类型指针变量名->结构成员

例如：

```
struct   Test   test_var, * test_p;
test_var.int_member   =   23;
test_p->int_member =   50;
```

1.7.2 联合类型

和结构一样,联合也是一种派生数据类型,但是其成员共享了同一个存储空间。在某些特殊的应用中,要求某些数据对象在程序执行的不同时期能存储不同类型的值。联合正好满足了这种要求。联合的使用使得相关变量共享存储空间而不是把空间浪费给并不使用的变量。联合的成员可以是任何数据类型。同一时候只能引用一个成员。

定义联合类型的语法与定义结构的语法大致相同：

```
union 联合类型名{
        成员说明表
};
```

关键字 union 引出了联合的定义。接着任选一个标记符来命名要定义的联合类型。用花括号括起来的部分是联合类型的主要部分，它定义了联合类型的成员变量。每个成员变量的定义形式和在程序其他地方定义变量是一样的，除了不能在定义的时候初始化，形式为：类型　成员变量名。

例如：

```
Union Test
{
  int  int_var;
  float  float_var;
}
```

联合变量和结构变量的定义一样。可以先定义好联合类型，然后再定义变量，也可以在定义联合类型的同时定义变量。可以对联合执行以下的操作：把它赋给另一个具有相同类型的联合、取地址、已经用结构成员运算符和结构指针运算符访问联合的成员。

例如：

```
union Test temp  , * p;

temp.int_var = 90;
p->float_var = 8.99;
```

1.7.3 枚举类型

C 语言中的枚举类型是用被称为“枚举常量”的标记符表示的一组整数值。枚举常量在定义类型时说明类型为 int。每个枚举类型表示为实现定义的整数类型并与这个整数类型兼容。这样，进行类型检查时，枚举类型只作为一个整数类型。

枚举类型定义的一般形式：

```
enum 类型名  {  标识符 1,标识符 2,…,标识符 n};
```

其中 enmu 是关键字,它引出枚举类型的定义。枚举常量是自动设置值的符号常量。除非指定了起始值,否则枚举常量的起始值为 0,以后依次递增 1。

例如:

```
enum weekday{ mon=1 , tue , wed, thu ,fri , sat, sun } ;
```

枚举类型变量与结构变量的定义一样。

因为枚举常量代表一个整数,所以可以对枚举常量施于整型数据的操作。

例如:

```
int i = 2 ,j = 1 ;
weekday   x , y ;
x =i + j ;
y= i- j ;
```

1.7.4 类型定义

关键字 typedef 可用来建立已定义好的数据类型的别名。用 typedef 定义新的类型名后,对于结构、联合或枚举类型,使用它们定义或说明变量时可省略掉 struct、union、enum 等关键字。在 Example. c 示例中的第 11~16 行,就是用 typedef 关键字定义了结构的别名 INFO,之后在 23 行直接使用 INFO 定义结构变量。

```
typedef struct
{
     int line_num    ;
     int word_num    ;
     int char_num    ;
}INFO ;

INFO   fileinfo ;
```

另外,typedef 关键字还可以建立数组的别名和其他基本数据类型的别名。typedef 的使用使得程序具有更好的移植性。

例如:

```
typedef int ARRAY[100] ;
typedef float REAL ;
typedef int INTEGER ;
```

1.8 数　　组

数组是包含相关数据项并且有相同类型的一种数据结构。数组结构对应着一组相关的存储单元。数组的声明语句是：

类型名　　数组标记符[第 n 维个数]…[第 2 维个数][第 1 维个数]；

这里的类型名可以是除了 void、不完整数组类型或函数类型以外的任何词语言类型。所有数组起始下标为 0。Example.c 示例中第 24 行给出了一个示例：

```
int  array [100] ;
char chars[3][30] ;
```

我们通常使用的数组都是低维的数组，最常见的是一维和二维。数组的每个元素的数据类型都是一样的，其元素按照顺序存放，每个元素对应一个序号，即下标，各元素可按下标存取。

例如：

```
int ints[10], *ptrs[10], i ;
for(i = 0; i<10; i++)
{
  ptrs[i] = &ints[i];
}
```

数组在内存中是连续存放的，对于一维数组，可以直观地看图 1.1。

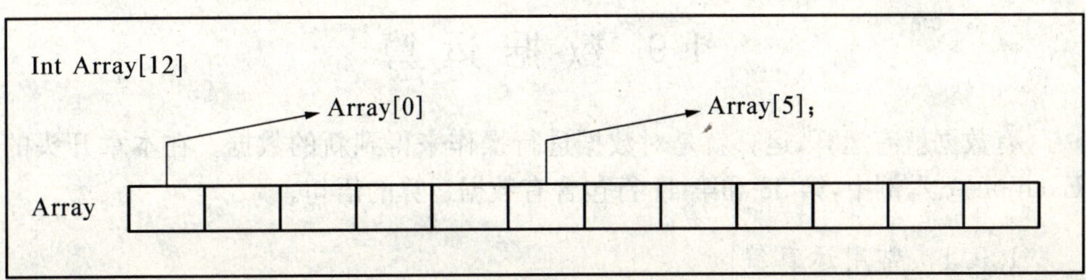

图 1.1　一维数组在内存中的存放

由图 1.1 可以轻易地得到一维数组元素的物理地址，设一维数组 Array 的起始地址是 address，每个元素的存储大小是 len，那么对下标为 i 的元素，它的物理地址就是：LOC(Array[i]) = address + i * len。

对于二维数组，同样可以用图 1.2 直观地理解：

Int A[5][8]；

A =

A[0][0]	A[0][1]	A[0][2]	A[0][3]	A[0][4]	A[0][5]	A[0][6]	A[0][7]
A[1][0]	A[1][1]	A[1][2]	A[1][3]	A[1][4]	A[1][5]	A[1][6]	A[1][7]
A[2][0]	A[2][1]	A[2][2]	A[2][3]	A[2][4]	A[2][5]	A[2][6]	A[2][7]
A[3][0]	A[3][1]	A[3][2]	A[3][3]	A[3][4]	A[3][5]	A[3][6]	A[3][7]
A[4][0]	A[4][1]	A[4][2]	A[4][3]	A[4][4]	A[4][5]	A[4][6]	A[4][7]

图 1.2　二维数组

因为数组在内存中是连续存储的，所以（对于 C 语言）内存中数组的各个元素的存储顺序是：A[0][0],A[0][1], A[0][2], A[0][3] ,…,A[0][7],A[1][0], A[1][1] A[1][2] A[1][3],…, A[1][7],…,A[4][0] ,A[4][1],A[4][2], A[4][3],…,A[4][7]。也就是说，C 语言中的数组存储是按行优先的。

设二维数组 A(T A[n][m])的起始地址是 address，每个元素的存储大小是 len，那么对下标为“i,j”的元素 A[i][j]地址就是：

LOC(A[i][j]) = address + (i * m + j) * len

从上面一维和二维数组存储情况我们可以推广到 n 维数组的情况。设 n 维数组 A(T　A[M1][M2][M3]…[Mn])的起始地址是 address，每个元素的存储大小是 len，那么对于元素 A[J1][J2]…[Jn]地址就是：

LOC(A[J1][J2]…[Jn])
= address + (J1 * M2 * M3 * … * Mn + J2 * M3 * M4 * … * Mn + …
+ Jn−1 * Mn + Jn) * len

1.9　数据运算

有数据就有运算，运算就是对数据进行操作来得到新的数据。在本章开头的 Example.c 示例中，第 38 和第 41 行包含有数据运算的语句。

1.9.1　常用运算符

编程中的常见运算符如表 1.1 所示。

表 1.1 常见运算符

<table>
<tr><th colspan="2">运算符</th><th>数学含义</th><th>C语言用例</th><th>用例含义</th></tr>
<tr><td rowspan="9">算术</td><td>+</td><td>加法</td><td>9 + 8</td><td>计算9与8的和</td></tr>
<tr><td>-</td><td>减法</td><td>h- b</td><td>计算变量h和b的差</td></tr>
<tr><td>*</td><td>乘法</td><td>5 * j</td><td>计算5与j的积</td></tr>
<tr><td>/</td><td>除法</td><td>23/7</td><td>计算23与7的商,加入/的两个运算数都是整数,则商为整数,假如是实数则商为实数</td></tr>
<tr><td>%</td><td>求余</td><td>23%7</td><td>求23除于7的余,运算数为整型</td></tr>
<tr><td>前++</td><td>自增1后运算</td><td>j = ++ i</td><td>i的值自增1然后赋予j</td></tr>
<tr><td>后++</td><td>运算后自增1</td><td>j = i ++</td><td>i的值赋予j然后自增1</td></tr>
<tr><td>前--</td><td>自减1后运算</td><td>j = -- i</td><td>i的值自减1然后赋予j</td></tr>
<tr><td>后--</td><td>运算后自减1</td><td>j = i --</td><td>i的值赋予j然后自减1</td></tr>
<tr><td rowspan="6">关系</td><td>==</td><td>等于</td><td>a == b</td><td>a等于b</td></tr>
<tr><td>!=</td><td>不等于</td><td>a ! = b</td><td>A不等于b</td></tr>
<tr><td>></td><td>大于</td><td>a > b</td><td>A大于b</td></tr>
<tr><td><</td><td>小于</td><td>a < b</td><td>A小于b</td></tr>
<tr><td>>=</td><td>大于等于</td><td>a >= b</td><td>A大于等于b</td></tr>
<tr><td><=</td><td>小于等于</td><td>a <= b</td><td>A小于等于b</td></tr>
<tr><td rowspan="3">逻辑</td><td>&&</td><td>逻辑与</td><td>x>y && y>z</td><td>x大于y并且y大于z</td></tr>
<tr><td>||</td><td>逻辑或</td><td>x>y || y>z</td><td>x大于y或者y大于z</td></tr>
<tr><td>!</td><td>逻辑非</td><td>! x</td><td>对变量x取反</td></tr>
<tr><td>赋值</td><td>=</td><td>赋值予</td><td>y = 100</td><td>把100赋值予y</td></tr>
<tr><td>条件</td><td>?:</td><td>如果条件满足,否则</td><td>x>y ? x: y</td><td>如果x>y条件为真,则条件运算取x值,否则取y值</td></tr>
<tr><td>逗号</td><td>,</td><td>逐个计算</td><td>i=3 , j=4</td><td>分别计算i=3和j=4,并返回最后一个式子的值</td></tr>
<tr><td rowspan="2">sizeof</td><td>sizeof</td><td>返回变量空间的字节数</td><td>sizeof j</td><td>返回变量j存储空间的字节数</td></tr>
<tr><td>sizeof()</td><td>返回某类型的字节数</td><td>sizeof(int)</td><td>返回一个int类型数据所占用的字节数</td></tr>
<tr><td colspan="5">关于位运算,读者可以参考相关资料,本章不做详细讨论</td></tr>
</table>

1.9.2 表达式

涉及数据运算(操作)的语句称之为表达式,如示例 Example.c 中的 37、39、41、42 行。在 C 语言中,表达式由运算符和运算分量构成,而表达式本身又可以成为运算分量。表达式可分为以下几类:

1.9.2.1 初等量表达式

变量,如 a,b;

常量,如 89,30.23 ;

数组元素变量,如 a[k];

字符串,如"good";

结构或联合的成员,如示例 37 行 fileinfo.char_num,或者 fp－＞char_num;

指针,改变的是存储指针的内存值,如示例 28 行 fp

函数调用,如 fabs(x);

带上圆括号的表达式,如(i－ j)＊ k,给表达式加上圆括号可以改变与算符的优先级。(i－ j)＊ k 中将会先进行"－"运算。

初等量表达式中用到的运算符(()、－>、[ ]等)的优先级最高,结合性为"自左向右"。

1.9.2.2 单目运算表达式

－ 表达式 ,如－50 ;

＋ 表达式 ,如＋60 ;

! 表达式 ,如 !(x ＞ y);

& 左值 ,如 &x ;

＊ 表达式 ,如 ＊fp ;

左值 ＋＋ ,如 i＋＋ ;

左值 －－ ,如 i－－ ;

＋＋ 左值 ,如 ＋＋i ;

－－ 左值 ,如 －－i ;

(类型名)表达式 ,如(float)y ;

sizeof(类型名) ,如 sizeof(int);

sizeof 表达式 ,如 sizeof i ;

这里左值包括:变量名、数组元素变量(左值)、＊表达式、结构或联合成员分量。

单目运算符的优先级仅低于初等量运算符,结合性为"自右向左"。

1.9.2.3 双目运算表达式

表达式 双目运算符 表达式 , 如 8＋ 9 ;

双目运算符的优先级低于单目运算符，双目运算符的优先级从高到低排列如下，同一行优先级一样。双目运算符的结合性是“自左向右”。

/ 、%、*

+ 、-

>>、<<

<、>、<=、>=

== 、!=

&

^

|

&&

||

1.9.2.4 条件运算表达式

表达式 ？ 表达式 ： 表达式 ，如 x>y ? i = 1 , i = 2 ;

结合性是“自右向左”。

1.9.2.5 赋值表达式

左值 赋值运算符(包括复合赋值) 表达式 ，如 y += 2 ;

赋值运算符的优先级低于双目运算符，结合性是“自右向左”。

1.9.2.6 逗号表达式

表达式，表达式 如 x > y , y > z ;

逗号运算符的优先级最低，结合性是“自左向右结合”。

1.10 结构化程序开发

通常情况下，程序中语句是按照编写的顺序一句一句地执行，这种执行方法称为“顺序执行”，许多C语句能够让程序员指定不按照编写顺序执行下一条语句，这个过程称之为“控制的转移”。在C语言中最常见的一句就是goto语句，它能够让程序的执行转移离开下一条语句。但是，正是因为goto语句能够定位到程序中几乎是任何位置，它带来了控制灵活方便的同时又使程序结构变得极其混乱。因此C语言的设计者引入结构化程序开发的概念。结构化方法开发的程序清晰、易于调试和修改，大大的减少了错误的存在。C语言只有七种控制结构：一种顺序结构，三种选择结构，三种循环结构。

1.10.1 顺序结构

顺序结构是C语言的基本结构，除非指示转移，否则计算机自动地以语句编写的顺序一句一句地执行C语句。流程图见图1-3。

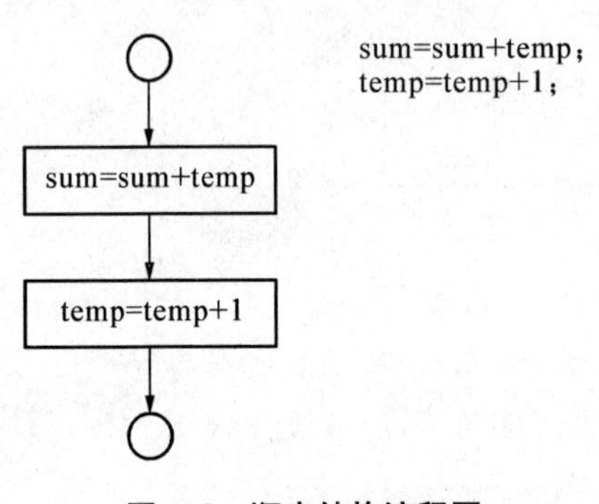

图1.3 顺序结构流程图

在C语言中，将顺序执行的语句序列用花括号将它括起来，构成C语言的复合语句。在逻辑上可以认为复合语句就是单一语句，它可以用做其他结构语句的成分语句，当然，复合语句里面也可以包含有其他结构语句。下面是一个简单的复合语句例子。

```
{
    sum = sum  +  temp ;
    temp = temp +  1  ;
}
```

1.10.2 if选择结构

if选择结构又称为“单路选择结构”。if条件为真时执行某个动作，条件为假时跳过这个动作。if选择语句的一般形式是：

```
if(表达式)
    动作语句 ;
```

if选择语句的执行过程是：

(1) 计算表达式的值。

(2) 测试表达式的值。如果表达式的值不等于0，则执行动作语句，并结束动作语句，否则，立即结束if语句。

为了更好地理解if选择语句的结构及其执行过程，下面给出了它的执行流程图(见图1.4)。

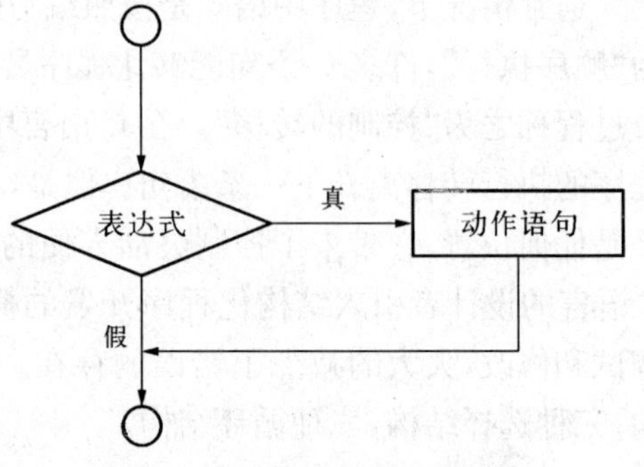

图1.4 if选择语句的执行流程图

在Example.c中的28～32行就是

if 选择语句的一个应用例子。

```
if((fp = fopen(fname, "r")) == NULL )
{//以输入方式打开正文文件
    printf("不能打开文件%s。\n", fname);
    return 0;
}
```

1.10.3 if/else 选择结构

if/else 选择结构相对于 if 选择结构被称为“二路选择结构”。if 语句根据 if 条件的真假选择下一步的动作，如果条件为真执行某个动作，如果条件为假则选择执行另一个动作。if 语句适合于用来描述按条件从两路选择中选择一路执行的程序结构。在 C 语言中，与 if/else 结构密切相关的是条件运算符“?:”，“?”前面的语句相当于 if 条件语句，“?”与“:”之间的语句相当于 if 条件为真的动作语句，“:”之后的语句相当于 if 条件为假时的动作语句。下面是 if/else 语句的一般形式：

```
if(表达式)
    真动作语句;
else
    假动作语句;
```

if/else 选择语句的执行过程是：

(1) 计算表达式的值。

(2) 测试表达式的值。如果表达式的值不等于 0，则执行真动作语句，并结束动作语句，否则，执行假动作语句。

为了更好地理解 if/else 选择语句的结构及其执行过程，下面给出了它的执行流程图（见图 1.5）。

在 Example.c 中的 41～47 行就是 if/else 选择语句的一个应用例子。

```
if(ch == '' || ch == '\n' || ch == '\t')
        state = OUT ;
else if(state == OUT)
    {
        state = IN ;
        ++ fileinfo.word_num ;
    }
```

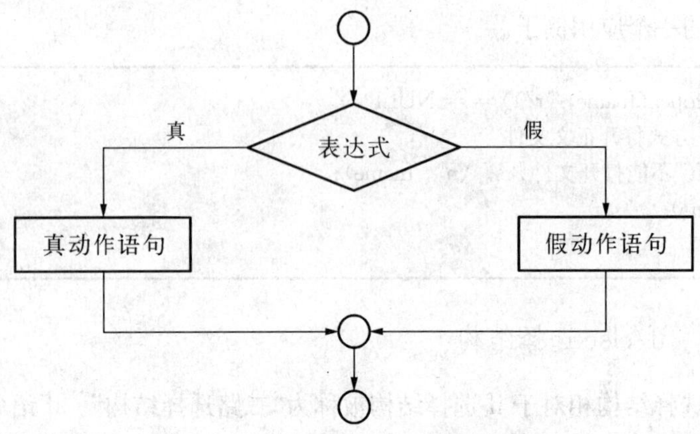

图 1.5　if/else 选择语句的执行流程图

从上面的例子中可以看到，if/else 语句(包括 if 语句)可以嵌套。在 C 语言中规定了 else 与最近的一个 if 结合。

1.10.4　switch 多路选择结构

前面介绍了单路选择结构和双路选择结构，对于多选择的任务，可以通过 if/else 嵌套来实现，但是 if/else 嵌套的实现会显得冗长，降低程序的可读性。为此，C 语言提供了 switch 多路选择结构。下面是 switch 的一般形式：

```
Switch(表达式)
{
  case 常量表达式 1：动作语句 1；
  case 常量表达式 2：动作语句 2；
  ……
  case 常量表达式 n：动作语句 n；
  default          ：动作语句 n+1；
}
```

对于 switch 语句需要注意下面几点：

(1) switch 后面括号中的表达式必须是整型表达式或字符表达式或枚举型表达式。

(2) case 后的常量表达式称为情况前缀，要求常量表达式的值不相同，并且与 switch 后的表达式值的类型一样。

(3) 动作语句可以为空语句。

(4) default 语句可有可无，但至多出现一次。一般写在最后。

Switch 多路选择语句的执行过程是：

(1) 计算表达式的值。

(2) 根据表达式的值，从上往下匹配 case 语句，找到程序执行入口。

(3) 执行入口后面的所有语句。

(4) 结束 switch 语句。

一般来说，使用 switch 结构的时候，每个 case 后面的动作语句的最后，一般都有一个 break 语句。为了更好地理解 switch 选择语句的结构及其执行过程，下面给出了它的执行流程图(每个 case 后都使用了一条 break 语句)，如图 1.6 所示。

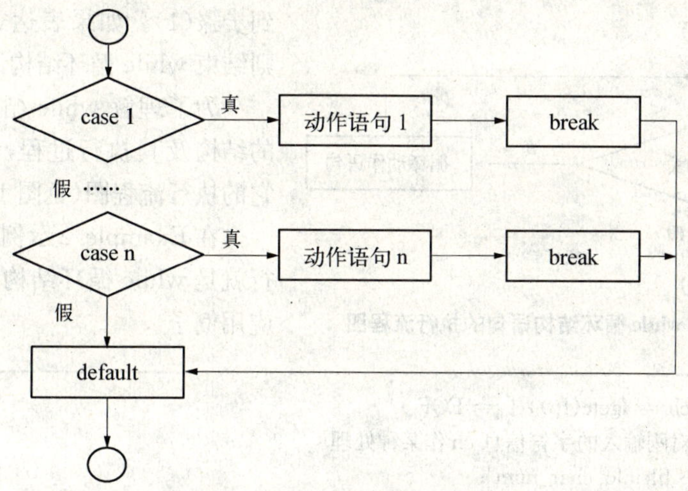

图 1.6　switch 结构的流程图

下面是 switch 多路选择结构的使用例子：

```
Switch(ch)
{
    case  '1':   printf("这是动作语句 1\n");break;
    case  '2':   printf("这是动作语句 2\n");break;
    case  '3':   printf("这是动作语句 3\n");break;
    default  :   printf("这是动作语句 default\n");
}
```

1.10.5　while 循环结构

循环结构用于在某个条件成立的情况下，重复执行某个动作。循环结构主要由循环条件表达式和循环体中的循环动作语句组成。下面是while循环结构的一般书写形式：

```
while(表达式)
    循环动作语句;
```

while循环结构语句的执行过程是：

(1) 计算while后括号中的表达式。

(2) 测试表达式的值。如果表达式的值不等于0,则执行循环动作语句,然后转到步骤(1)。如果表达式的值为0,则结束while循环结构语句。

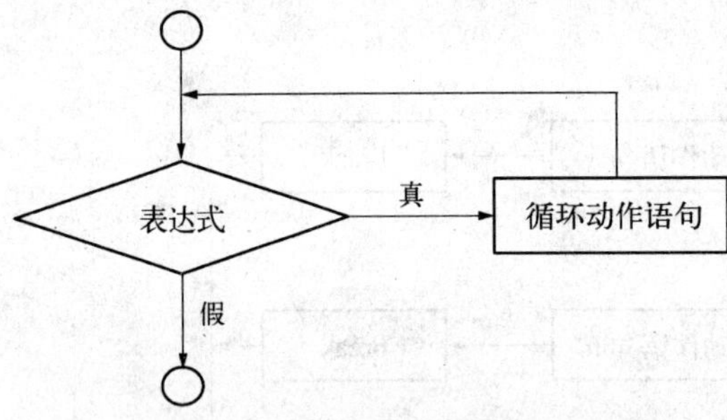

图1.7 while循环结构语句的执行流程图

为了理解while循环结构语句的结构及其执行过程,下面给出了它的执行流程图(见图1.7)。

在Example.c示例中的35～48行就是while循环结构语句的一个应用例子。

```
while ((ch = fgetc(fp)) ! = EOF )
{//这里对刚输入的字符信息 ch 作某种处理
    ++ fileinfo.char_num ;
  if(ch == '\n')
      ++ fileinfo.line_num ;

  if(ch == '' || ch == '\n' || ch == '\t')
      state = OUT ;
  else if(state == OUT)
      {
          state = IN ;
          ++ fileinfo.word_num ;
      }
}
```

1.10.6 do-while循环结构

do-while循环结构和while循环结构类似。不同之处在于：while循环结构的循环条件是在执行循环动作语句之前计算的，而do-while循环结构的循环条件则是在执行循环动作语句之后计算。do-while循环结构语句的一般形式如下：

```
do
  循环动作语句;
while(表达式);
```

do-while循环结构语句的执行过程是：

(1) 执行循环动作语句。

(2) 计算while后括号中的表达式。

(3) 测试表达式的值。如果表达式的值不等于0，转到步骤(1)。如果表达式的值为0，则结束do-while循环结构语句。

下面给出它的执行流程图，读者可以参考图1.8，更好地理解do-while循环结构语句的结构及其执行过程。

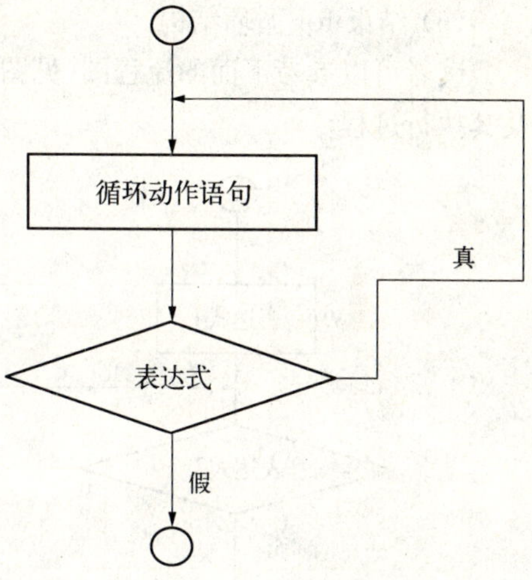

图1.8 do-while循环结构的执行流程图

在Example.c示例中没有do-while循环结构的语句，为此，作者提供了如下一个实例：

```
int i = 1;
do
{
  printf("这是第%d 次执行 do-while 循环结构语句\n",i);
  i++;
}
```

1.10.7 for循环结构

for循环结构语句可以说是C语言中应用最为广泛的循环结构，它适合于多种情景下。一般来说，for循环结构语句包含了循环控制变量赋初值、循环控制条件、循环动作语句和修改循环控制变量值。下面是for语句的一般形式：

```
for (表达式1;表达式2;表达式3)
    循环动作语句;
```

for 循环结构语句的执行过程是：

(1) 计算表达式 1。

(2) 计算表达式 2 的值，如果值非 0，转步骤(3)，否则转(6)。

(3) 执行循环动作语句。

(4) 计算表达式 3。

(5) 转步骤(2)。

(6) 结束 for 循环结构。

读者可以参考下面的流程图(见图 1.9)，更好地理解 for 循环结构语句的结构及其执行过程。

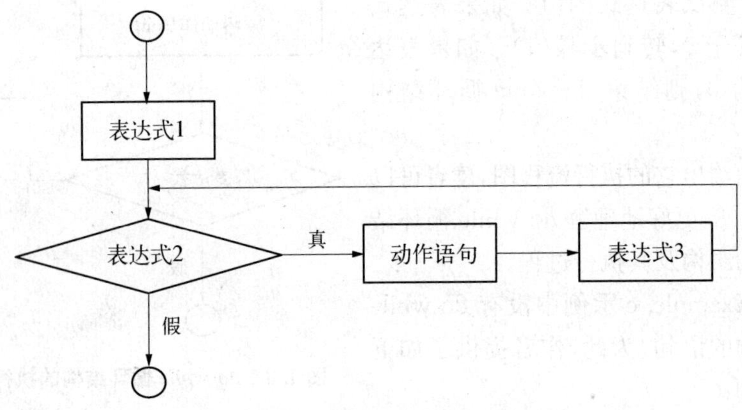

图 1.9 for 循环结构的执行流程图

在 Example. c 示例中没有 for 循环结构的语句，为此，作者提供了如下一个实例：

```
for ( int i = 0 ; i < 10 ; i ++)
{
    printf ("这是第%d 次执行 for 循环结构语句\n",i ) ;
    printf("###########################################\n") ;
}
```

for 循环结构语句与 if/else(包括 if 语句)选择结构语句一样可以相互间嵌套使用。在书写嵌套的循环结构时，应注意循环结构的层次，提高程序的可阅读性。

1.10.8 break 和 continue 语句

break 和 continue 语句可用来转换控制流。在 1.10.4 的 switch 多路选择结构语句的介绍中，读者已经看到了 break 语句的用法及其功能。在 while、do-while、for 还有 switch 语句中，break 可以使程序退出该结构，跳转到该结构的下一条语句继续执行。读者可参考 1.10.4 的示例。continue 语句通常是在 while、do-while 和 for 循环结构语句中使用，当程序执行 continue 语句后，程序将停止执行循环体中位于 continue 后面的语句，提前进入循环下一步骤。读者可自行编译运行下面的例子，慢慢体会：

```
int i ;

for(i = 0 ; i < 10 ; i++)
{
    if(i == 5)
        contiue ;
    printf ("这是第%d 次执行 for 循环结构语句\n",i ) ;
    printf("##################################################\n") ;
}
```

1.11 函　数

在编写大程序的过程中，都会遇到很多地方需要实现相同的功能，这时候就会涉及程序结构化设计的问题，通常就是将复杂的功能分解成若干个稍为简单的小模块，这些小模块可以重复调用，在 C 语言中就叫做函数。更确切地说，函数是一个逻辑上相对独立的、实现指定功能的 C 代码段。函数的使用是通过函数的调用来实现的。函数调用指定了被调用函数的名字和调用函数所需的信息(参数)。需要说明的是，程序中调用的函数必须是在该程序段之前定义的，否则必须在调用的程序段之前有过函数说明。函数之间可以互相调用。函数还可以调用函数本身，这就是程序设计中的一种技巧——递归。C 语言为程序员提供了许多标准函数库，程序员可以方便地调用，同时，C 语言还允许程序员设计自己的函数，这就是函数定义。

1.11.1　函数定义

在 Exmaple.c 示例的第 61 行就是一个函数的定义。同时，严格来说，程序中的 main 函数的书写也是函数的定义，只不过这里定义的是程序的入口函数。

函数定义一般需要指明返回值的类型、函数名、函数的形参(形式参数)和函数体。下面是函数定义的一般形式：

```
返回值类型   函数名(形式参数说明列表)
{
    说明和定义部分;
    语句序列;
}
```

指定函数的返回类型后，则需要在程序里显式地使用下面语句：

return 表达式

来返回指定类型，这里的表达式的值应该与函数指定的返回类型相一致。当然，对于 void 型的返回值，表达式可以为空语句，或者在函数体内不出现 return 语句。

需要说明几点：

(1) 不能在函数的内部再定义另一个函数。

(2) C 语言中的参数传送采用的是值传送。

(3) 函数说明、函数定义、函数调用应该具有一致的参数个数、参数类型、参数顺序和返回值类型。

读者可参考 Example.c 示例中第 18 行的函数说明：

```
void Myout(char fname[40] , INFO *fileinfo);
```

第 61～77 行中的函数定义：

```
void Myout (char fname[40] , INFO *fileinfo
{
    FILE *fp;
    char outfilename[40] ;

    printf("请输入输出目标文件：\n");
    scanf("%s%*c", outfilename);

    if((fp = fopen(outfilename, "w")) == NULL  )
    {
        fprintf(stderr, "Can't open %s . \n", outfilename);
          return ;
    }
```

```
    fprintf(fp,"文件%s有%d行、有%d单词和有%d字符。\n",fname, fileinfo->
            line_num, fileinfo->word_num, fileinfo->char_num);
}
```

1.11.2　函数的调用

函数定义之后，在程序的任何地方都可以调用该函数。函数调用的一般形式是：

```
函数名(实际参数列表)
```

这里的实参(实际参数列表)，函数调用的时候必须和函数定义具有一致的参数个数、参数类型、参数顺序和返回值类型。

函数调用在程序中一般有两种应用：

(1) 函数调用作为一个独立的语句，这里的函数调用只是为了完成函数所完成的一些操作。

(2) 函数调用出现在表达式中，这里的函数调用利用的是函数的返回值。

读者可参考 Example.c 示例中第 55 行的函数调用例子：

```
Myout (fname , & fileinfo);
```

1.12　编译预处理

读者在示例头文件 stdafx.h 和源文件 Example.c 中，应该已经注意到这样的一些以“#”开头的语句，这些就是本节所要介绍的编译预处理命令。所谓编译预处理是指在对源程序作正常编译之前(包括词法和语法分析、代码生成等)，先对源程序中一些特殊的预处理命令作解释，产生一个新的源程序，然后再对新的源程序进行通常的编译。所有的预处理命令都是用#开头的，一行预处理指令的前面只能出现空白字符。

1.12.1　文件包含#include

文件包含预处理命令#include 用指定的文件的一份拷贝取代这条预处理指令。文件包含预处理命令的一般使用形式是：

```
#include<头文件名>
或者
#include"头文件名"
```

这两种形式的差别在于预处理程序查找要被包含的文件的路径不同。对于用尖括号引用文件的命令，预处理程序不检查当前目录，直接按系统指定的寻找顺序检索文件目录，而对于用双引号引用文件的命令，预处理程序首先在当前文件所在的文件目录中寻找被包含文件，如果找不到，就按照预先指定的寻找顺序检索其他目录。正是上面的原因，所以标准库的引用可以直接使用尖括号预处理命令包含，而对于用户自己编写的被包含文件多用双引号方式的文件包含命令。

如 Example. c 里第 1 行的例子：

```
#include "stdafx. h"
```

头文件 stdafx. h 第 8 行、第 9 行的例子：

```
#include <stdio. h>
#include <tchar. h>
```

1. 12. 2　宏定义#define

宏定义的定义使用的命令是#define，读者在 Example. c 中的第 5 行、第 6 行就是宏定义的应用。宏定义一般来说有两种应用：用来建立符号常量(不带形参的宏定义)和用来定义狭义上的宏(也就是带有形参的宏定义)。

建立符号常量(不带形参的宏定义)一般使用下面的形式定义：

```
#define  标识符    字符行列
```

使用宏定义好一个符号常量后，就可以在程序段中使用该符号常量，预处理程序会在程序编译前自动识别该符号常量，并用标识符后的字符行列替换掉该符号常量。Example. c 中的第 5 行、第 6 行就是建立符号常量的一个应用：

```
#define IN 1 // 正在单词中
#define OUT 0 //当前不在单词中
```

宏定义的有效范围称为宏定义名的辖域。一般来说，辖域是从宏定义的定义处开始直到所在源文件的结尾。但是可以使用预处理命令＃undef 终止宏定义名的辖域。

例如：

```
#define char_const    A
void main()
{
    ......
}
#undef char_const
void function()
{
    ......
}
......
```

定义狭义上的宏(也就是带有形参的宏定义)，定义的一般形式如下：

```
#define        标识符(形式参数表)      字符序列
```

和符号常量的定义不同，狭义上的宏(也就是带有形参的宏定义)定义实际上就是定义一种操作(类似于函数)。同符号常量一样，程序中的宏标识符也在程序编译之前被字符序列替换，但是和符号常量的替换不一样的是，这里的替换除了字符序列的替换外还能对参数进行替换。预编译程序对这样的宏的处理步骤是：

(1) 用被替换文本取代参数。

(2) 把宏展开，即用字符序列取代程序中的标识符和参数列表。

下面是定义和应用的例子：

```
#define circle(r)   2 * 3.14 * r

void main ()
{
    int circle = circle(10) ;
}
```

在上面的例子里先定义好了 circle(r)的宏,该宏的功能是计算半径为 r 的圆周。在 main 函数中使用了该宏定义计算半径是 10 的圆周长。预编译程序检测到 circle(10)的应用,将先用 10 替换掉 circle(r)中的 r,然后再把 10 替换掉 2 * 3.14 * r的 r,最终 circle(10)展开成 2 * 3.14*10。

上面提到过,这里的宏定义类似于函数,但是宏又和函数有着重要的区别:函数调用在程序运行时实行,而宏展开是在编译的预处理阶段进行;函数调用占用程序运行时间,宏调用占用编译时间,它展开成程序中的一部分;函数对实参有类型的要求,而宏调用没有类型限制,它只是字符序列的替换。

1.12.3 条件编译

读者也许已经注意到 Example.c 中第 51 行的"#ifdef TOFILE",这就是条件编译命令中的一种。那么什么是条件编译呢,顾名思义,当然是有条件的编译。编译程序只编译没有条件或条件为真的代码段。条件编译能够让程序员控制预处理指令的执行和程序代码的编译。不能再预处理指令中计算强制类型转换表达式、sizeof 表达式和枚举常量。用于条件编译的预编译命令有:#if,#else,#endif,#ifdef,#ifndef,#elif,defined(只能在#if 和#elif 表达式中使用)。下面是条件编译的几种应用形式:

1)

```
#if 表达式
    程序段 1
#else
    程序段 2
#endif
```

2)

```
#if 表达式 1
    程序段 1
#elif 表达式 2
    程序段 2
#endif
```

3）

```
#ifdef 标识符
    程序段 1
#else
    程序段 2
#endif
```

4）

```
#ifndef 标识符
    程序段 1
#else
    程序段 2
#endif
```

5）

```
#if define(标识符)
    程序段 1
#else
    程序段 2
#endif
```

条件编译就是上面所列举的几种预编译命令的组合，不过要注意的是要以#endif 结束。

下面是 Example. c 中第 51～56 行使用条件编译的例子：

```
#ifdef   TOFILE
    printf("文件%s 有%d 行、有%d 单词和有%d 字符。\n",fname ,fileinfo. line_num ,
            fileinfo. word_num ,fileinfo. char_num);
#else
    Myout(fname , & fileinfo);
#endif
```

在 Example. c 中第 51～56 行的例子中，如果定义了字符常量“TOFILE”，程序将执行 printf 所在段程序，把统计结果输出到屏幕上，否则调用 Myout 函数把结果输出到文件中。下面分别是有和没有定义字符常量时，程序运行的结果：

定义了“TOFILE”(stdafx.h 示例中的第 10 行)的运行结果：

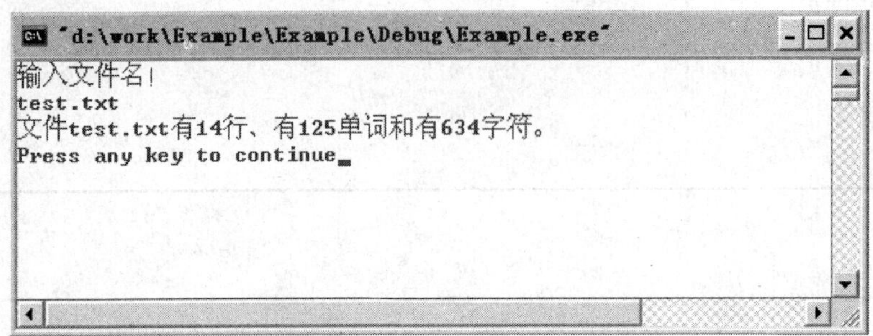

没有定义“TOFILE”的运行结果：

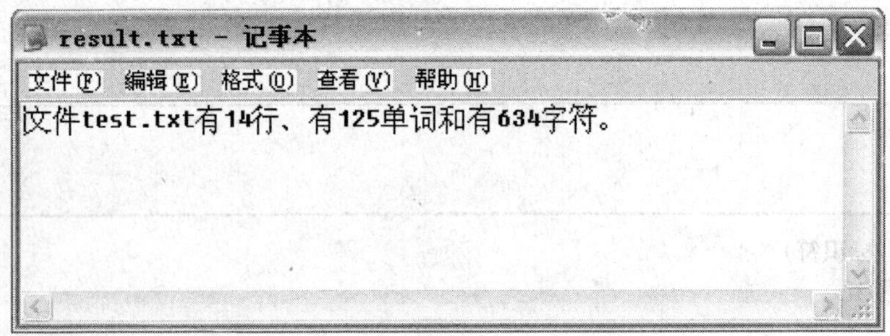

1.12.4 其他预编译命令

1.12.4.1 预处理指令＃error

一般形式：＃error preprocessor-tockens

功能：用来产生编译错误的消息。

例如：

```
#ifndef TEST
    error   the TEST   is't   defined !
#endif
```

1.12.4.2 预处理指令＃pragma

一般形式：＃pragma preprocessor-tockens

功能：可以使用该命令增加新的预处理器功能，或向编译器提供实现定义信息。＃pragma 命令后面的信息没有任何限制，实现应该忽略不理解的信息。

例如：参考相关专业书籍。

1.12.4.3 预处理指令#line

一般形式：#line n ，或 #line n filename

功能：使得之后的源代码行从指定的符号常量整数值开始重新编号。

例如：

```
#line 100
或
#line 100   myfile.c
```

习　题

(1) 试指出C语言的基本数据类型有哪些？

(2) 指出下列内容哪些是C语言的整型常量，哪些是实型常量，哪些两者都不是。

098　　23E　　0xCD90　　043

(3) int a[3][4] ={{1.2},{3.4}}; int b[3][3]={5.6.7.8}; 指出数组a、数组b中的所有元素及元素值。

(4) 试用C语言表达式描述以下数学计算式或逻辑条件：

① R = 2/(1/r + 1/k)

② 3 ≤ b < 20

③ x = 3 和 y < 10　不能同时成立

(5) 写出下面程序的输出结果。

```
main( )
{
    int a ,b ,c ;
    a = b = c = 1 ;
    ++ a || ++b && ++c ;
    printf("a=%d\tb=%d\tc=%d\n",a,b,c);
}
```

(6) 请使用C语言程序完成计算下面表达式的值。

S = 1 − 1/2 + 1/3 − 1/4 + 1/5 − 1/6 + ⋯ + 1/9 999 − 1/10 000

(7) 定义一个结构体变量，其成员包括学号、姓名、性别、年龄、院系、班级、宿舍地址。结构体成员类型根据储存数据类型来定义。

(8) 试说明变量说明和函数说明的作用。

(9) 指出下面程序的错误，并改正。

```
main ( )
{
int x, n, s;
S=power(x,n)
}
Power(y)
{
int i , p=1:
for(i=1;i<=n; i++ )
p=p * y;
};
```

(10) 输入一串字符，分别统计各字符出现的个数。

(11) 将已知数组内容复制到另一个新数组中，要求相同数值只出现一次。试编写一个C语言程序实现功能。

2 通用的编程技巧

前面一章简单地回顾了一下C语言的相关知识，那么如何写出好的C程序呢？一个好的代码应该是正确的、易于维护的、容易移植的和高效的代码，而一个好的编码风格可以使代码更加易于维护，而且可以减少可能出现的差错。代码的性能优化正日益受到人们的重视，为了保证在满足正确性的前提下能够提供更优的性能，应该从软件开始伊始就考虑性能问题。除了采用合适的算法设计，针对热点进行特别的优化之外，代码级的性能优化也是一个关键因素。

2.1 什么是好的编程技巧

程序员的天职就是写出好的程序，但是如何写出好的程序呢？什么是好的编程技巧呢？一个好的编程技巧意味着能够用正确的方式写出正确的代码，这意味着：

(1) 写出那些易于维护的代码，以便于你自己或者其他同事进一步改进。

(2) 能够搞清楚别人写的代码，并且从中汲取经验，即便别人写的代码可能不是那么易读。

(3) 能够和其他程序员很好地协作来完成项目的开发任务。

在程序员编写的代码中，有些代码似乎可以正常运行的代码，有些代码是可以正确运行的代码，还有些代码是好的代码。要写出基本正确的代码可能并不难，而写出正确的代码则要求你不仅仅考虑到大部分情况下代码运行的场景，而且要求你考虑到那些很少会出现的情况，但是这些异常情况可能会很难考虑或者测试到。显然写出好的代码应该是程序员追求的目标，这些代码应该非常的棒，考虑到各种意外情况，应该具有较高的性能，当然更重要的是代码应该正确。

要写出好的程序，首先应该有一个好的设计，定义好一个明确清晰而且易于进行扩展的API；其次，应该采用一个好的编程风格，比如变量命名采用能够描述其含义的名字等，这样便于自己和别人来对代码进行维护，也能够降低出错的概率；在写代码的过程中要认真，尽量避免考虑可能出现的错误，不要仅仅依赖于编译器来进行检查，编译器并不能检查逻辑上的错误，比如一个 a==b 与 a=b 这样的笔误，编译器有可能是不会报错的；要考虑到你的代码被调用的场景可能会和你假设的场景不相同，代码过程中应该考虑到各种异常情况，这可能包括用户或者调用代码的模块可能不小心输入了错误的参数，或者传递了错误的参数。还有，在你的代码是调用别的模块或者系统航速时，可能由于资源的限制暂时无法得到你预期的结果，别有用心的用户可能会通过某些异常的输入来试图利用你的代码的缺陷。因此，你在编写代码过程中，应该包括许多错误检查，同时谨慎地说明你所要使用的变量的范围，如果你要用的变量仅仅用于这段代码，不要把该变量声明为全局变量。

好的代码应该是易读的，因此不要试图用到很多所谓的“技巧”，要知道你的代码以后可能会被后来的程序员进行维护，如果你过多地使用复杂的技巧或者不常使用的语言技巧，在维护过程中可能会被错误地理解。比如那些复杂的表达式的计算可以通过多个语句来完成，或者通过括号来明确说明这些运算符的优先级，而不是依赖你卖弄能够明确地记清楚所有算术运算符的优先级和关联规则。

在编译你的代码时，要把编译器的警告选项都打开，虽然这可能会产生许多似乎“烦人”的警告信息，但是现在的许多编译器都会选择性地对那些怀疑可能会出错的语句进行报告，通过检查这些警告，你可以确保你的语句或者声明不会出现那些潜在的差错，直到最后你的代码消除所有的警告信息为止。

在编写你的代码时，要使用那些安全的数据结构，比如许多缓冲区溢出攻击经常针对的 strcpy(char *dest, const char *src)等函数，假设传递的参数 src 的长度大于 dest 的长度，这样会导致那些内存区域可能会被覆盖，从而带来一系列的后果。因此，你应该采用类似于 strncpy(dest,src,len)的安全函数。

在 C 的编程中，一个最为麻烦的问题就是包括内存、文件在内的资源的分配和示范。永远不要忘记在恰当的时候把打开的文件、网络套接字关闭，把申请的内存单元释放掉。在 C 的编程中，记得在声明变量时进行初始化，永远也不要假设编译器会把你新声明的变量初始为 0。可能你在测试的时候正好没有初始化的变量的初始值正好与你预计的结果相同，但是有可能在某次运行过程中得到不同的变量取值，这种错误可能要消耗相当大的代价才能排除。在编写代码的时候要考虑到移植性，如果不是基于性能的考虑，不要使用依赖某个编译器或者特定的运行环境的扩展或者特性。C 编程在进行类型转换的时候要特别小心，不同的编译器和操作系统可能会出现不同的结果。另外，也不要简单地假设有些数据类型的精度，比如，在有些平台上，整数和长整数的字节大小相同，从而进行随意的类型转换，但是在别的平台上则可能不是这样。尽可能地利用 const 关键字，const 允许编译器找到许多你可能会犯的错误，比如不小心地进行了赋值等。

在 C 的编程中经常容易出现 segment fault 之类的错误，这可能是访问数组的时候越界，或者使用指针引用的时候为空指针，因此你应该小心地检查是否出现数组越界或者空指针引用的这些限制。一般说来，这些不正确的行为会导致程序的异常退出。如果在代码中加入太多针对这些各种各样的限制检查出现问题时候的处理，可能会导致程序的逻辑过于复杂，这时你可以使用 assert。当然，在调用之前应该＃include ＜assert. h＞：

```
assert (p! =NULL);
handle(p);
```

代码的可移植性应该是从代码的设计阶段开始就需要考虑的因素，在你的代码基本完成后再考虑移植，可能要花费更多的精力。尽量把那些和平台相关的代码（比如对硬件状态寄存器等的读取）与常规平台无关的代码分隔开来，组织在不同的源文件，这样移植时可能只需要对平台相关的代码进行修改。代码的移植性和维护相比代码的性能来说更加重要，因此，首先编写可移植的、易维护的代码，然后才在有必要的时候进行优化。相对复杂或者有技巧的优化应该包含相应的注释来说明怎么样进行优化，为什么要进行优化。什么时候需要进行优化，怎么样进行优化，这些问题我们会在后面的章节进一步展开。

2.2 编码传统

前面说过，要写出好的代码必须遵循一个好的编码风格。一个好的编码风格使得编写的代码更加容易维护，更加容易理解，也更加容易找到其中可能隐含的错误。比如，采用一个有含义的变量名显然要比无意义的变量名要好得多。在调用那些控制结构时，进行适当的缩进以及通过大括号来包含相应的代码块会使得代码的逻辑更加容易被理解。下面是一个简单的代码片断：

```
if ((count=handle(p)) < 0)
    fprintf(stderr, "Error: exiting...\n");
    exit(errno);
```

根据代码片断的缩进，程序员的本意可能是遇到差错时退出程序，但实际运行的结果是无论是否遇到差错程序都会退出。显然,一个正确的编程风格是非常重要的。

实际上,在C的编码时,不同的人可能会采用不同的编程风格。比如,一个经常引起争论的问题是在诸如if/while/do等控制语句之后的左括号是放在同一行,还是放到下一行与代码块的第一个语句一起,或者单独一行。很难说哪种编程风格要更好一些。但是不管采用哪种编程风格,其中最重要的一点就是应该要保持一致的风格,这点特别是在现在的软件开发都会要求多个程序员协同工作的情况下非常关键。需要特别提出的是,不仅仅在编写新的代码时应该遵循编码风格,在修改和维护老的代码时也应该遵循编码风格。下面的代码片断应该是我们尽量避免的:

```
void doTheFirstThing();
void DoThe2ndThing();
void do_the_third_thing();
```

2.2.1 命名

在编写代码时首先需要进行命名,需要命名的对象包括变量、函数、数据类型、宏以及源文件等。一个合适的名字意味着从名字能够知道对象的大体情况,但是注意的是,你不能要求名字能够传递非常详细的信息,因此你不能期望采用一个非常复杂的命名规则或者一个非常详细的名字。比如变量名maxval显然要比MaximumValueUntilOverflow好一些,名字越长,也越有可能出现笔误,也会增加编程的工作量(虽然现在许多编辑器或者集成开发环境中提供了自动完成的机制来减少输入的开销)。那么到底什么是一个好的命名规则呢?一个好的命名规则应该满足哪些基本特性呢?

首先,一个名字应该是描述型的。这也正是命名的目的。注意你的代码可能会被一个刚刚入门的程序员来维护,因此选择名字的时候不能仅仅从自己的角度出发,而是应选择一个能够描述大体含义的名字。很多时候如果你不能想出一个好的名字,这极有可能表示有问题,也许你应该重新考虑一下你的算法的设计。

其次,你的名字应该符合编程语言的语法。不要试图使用编程语言用到的保留关键字,也避免使用那些可能和标准库里面的变量、函数等冲突的名字,这是为了避免连接时带来的错误。尽量避免使用那些以下画线开始和结束的名字,这些名字一般是保留为系统库使用,用户的软件不应该使用这些名字。

第三,你的名字应该避免可能带来的混淆。避免使用那些仅仅大小写不同的名字，比如 foo 和 Foo。同样的道理，应尽量避免同时使用 foobar 和 foo_bar 这样的名字。另外，应避免混合使用那些人眼可能会混淆的单词，比如数字 0 与字母 o，还有数字 1、小写字母 l 与大写字母 I 可能很难区分，从而带来潜在的差错，也会使得维护起来比较困难。读者看了下面的代码后应该会头痛不已：

```
l=1;
l=l+foo(1) ;
l=1+foo(l);
```

从更好地描述对象的角度来说，使用越详细的命名越好；而从程序员编写代码的工作量来说，使用的名字越短越好。因此，需要在简洁和清晰这两者之间作一个权衡，但是总体来说应该倾向于相对清晰地描述对象的含义。另外，不同的使用空间会采用不同的权衡策略。比如，虽然单字符的变量名由于考虑到无法传递变量的含义从而带来代码维护的困难，应该尽可能避免，但是单字符的变量名在那些没有特别意义的场景中可能被使用，比如仅仅用作循环变量，或者用作一个具有很短生命期的指针变量。比较下面两段代码：

```
for (i=0; i<100;i++)
    array[i] = i;
```

```
for (elementnumber=0; elementnumber<100; elementnumber++)
    array[elementnumber] = elementnumber;
```

一个全局变量由于相对来说使用频率可能不是很高，因此可能采用比较长的名字要更好一些，比如 maxphysaddr。而对于在一个函数体内使用的变量名，则可以采用一个短一些的名字，比如可以采用 np 而不是 NodePointer 来表示一个本地声明和使用的指针。

变量的命名最好能够遵循业界约定俗成或者经常建议采用的规则，比如：

(1) 通过 #define 定义的常数一般采用全部大写字母。

(2) 枚举类型的常数一般采用首字母为大写或者全部大写。

(3) 函数、typedef 和变量名，以及结构、联合和枚举等复杂类型一般采用小写字母。

(4) 除了那些可能也通过 C 函数来实现(比如 getchar 和 putchar)之外，大多数通过宏定义的“函数”都采用全部大写字母。

2.2.2 布局

代码的布局包括每行应该如何组织，函数体、控制代码块等如何缩进，大括号如何安排等。虽然代码的布局好坏对于编译器来说没有任何不同，但对于代码的可读性和易于维护是至关重要的，因为这有助于减少出错的可能。第一个被广泛认可的布局被称为 K&R 风格，它是 C 语言之父 Kernighan 和 Ritchie 在他们的经典书籍“C Programming Language”中提出的，该布局的目的是能够在较小的屏幕上显示尽可能多的信息，下面的代码片断给出了 K&R 风格的示例：

```
int k_and_r() {
    int a = 0, b = 0;
    while (a != 10) {
        b++;
        a++;
    }
    return b;
}
```

在这种风格中，左大括号{是跟在控制语句之后，而不是单独一行，这样在进行括号的匹配时可能会带来困难，另外，有的时候忘记了输入可能不太容易被觉察到。因此，一个相对来说更好的布局可能是扩展的 K&R 风格，下面的代码片断给出了这种布局的示例：

```
int extended() {
    int a = 0, b = 0;
    while (a != 10)
    {
        b++;
        a++;
    }
    return b;
}
```

可以看到，这种布局和 K&R 风格的主要不同是左大括号采用单独一行，从而更加容易进行括号的匹配，也使得代码块的起始非常明显。

2.2.3 文件

一般来说，一个软件开发不可能指望用一个文件就能实现所有的功能，虽然没有对源文件的最大长度有一个限制，但是那些超过 1 000 行的源文件应该是尽量避免的。为了使源文件的取名更加容易，应该把那些实现了同一个概念单元的函数等包含在同一个文件中，这也有助于减少源文件之间的关联，从而使得项目的结构更加清晰。包含代码的源文件的后缀为.c，而头文件的后缀为.h，编译后的代码的后缀为.o或者.obj，而最后的执行代码的后缀则可能为.exe。

一个源文件每行不应该超过 80 列，一般来说，一个源文件的组织建议采用如下顺序；

(1) 首先是文件注释，描述这个源文件的内容。注意：相对简单地列出文件中包含的函数、全局变量等列表而言，描述这些对象的目的显然要更加好一些。另外，描述应该准确而且尽可能精炼。在这个部分还经常会包括作者、版本控制等信息。

(2) 然后是要包含的头文件。#include "head.h"用于包含与源文件在同一个目录中的头文件；而对于系统或者库头文件，则采用#include <name.h>。在包含头文件时不要包含绝对路径，一旦那个对应的头文件移动位置，就需要重新修改源代码。通过编译器的-I <includeDirs>选项要更加方便和灵活。

(3) 接下来是那些源文件要用到的宏定义和 typedef 等。一般是定义常量的宏在最前面，然后是定义函数的宏，最后是 typedef 和枚举类型。

(4) 接下来是全局(external)数据声明。一般按照以下顺序：外部全局变量、非静态全局变量和静态全局变量。

(5) 最后是函数体。一般会把实现相同功能或者作用于同一个对象的函数放在一起。在每个函数定义之前一般应该包含一个注释来描述函数的功能。

源文件经常会包含合适的头文件，头文件一般包括那些可能会被多个源程序使用的数据声明，功能上类似的数据声明会包含在同一个头文件中。而为了移植的方便，那些在不同平台上需要修改的数据声明一般会放在另外一个单独的文件里。包含函数或者变量的定义的源文件应该包含其声明的头文件，这样编译器可能进行类型检查，而且可以保证声明和定义的一致性。

应该尽量避免在头文件中包含变量的定义，这一般表示一个比较糟糕的设计或者源文件分割。头文件应该避免嵌套，因为那些 typedef 和包含初始化的数据定义不能出现两次，嵌套的源文件很容易出现重复声明的编译差错。

一个经常采用的策略是在每个头文件包含一个#ifndef 的检查来确认这个头

文件是否已经包含过，如果包含过，则跳过该头文件。但是注意不要依赖于这个策略来防止头文件嵌套。下面的代码片断给出了一个头文件的示例：

```
#ifndef EXAMPLE_H
#define EXAMPLE_H
... /* body of example.h file */
#endif    /* EXAMPLE_H */
```

2.2.4 变量和函数

指针变量的定义，应该把"*"和变量名放在一起，这样可以避免出现可能的混淆，考虑如下代码片断：

```
char *s1, *t1, *u1;
char* s2, t2, u2;
```

第二行中的变量只有 s2 定义为指针，而 t2 和 u2 定义为 char 类型。

对于那些针对同一个对象的宏常数定义代替以枚举类型，这样有助于编译器进行类型检查，比如：

```
/* defines for HTTP methods */
#define GET    1
#define POST 2
#define HEAD    3
```

可以代之以：

```
/* defines for HTTP methods */
enum method { GET,POST,HEAD};
```

如果一个变量的初始取值是比较重要的，应该考虑在变量声明时就通过显式的初始化语句来说明，比如：

```
int x=1;
char *msg = "message";
```

每个函数前面应该包含一段注释来简单地说明函数要完成的功能，有的时候可能还应该包括怎么调用这个函数的说明。函数的返回类型应该明确的定义，如果没有返回值，返回类型为 void。尽量采用函数原形，这样有助于编译器进行类型检查。注意到 C 语言中函数的返回类型如果没有明确的定义，就假设为缺省类型 int。假设你没有包含一个返回类型为 double 的外部数学函数的函数原形，编译器可能会假设那个函数的返回值为整数，从而带来问题。

如果函数体用到了那些没有在源文件中进行声明的外部函数或者变量，应该在函数体中通过 extern 关键字来进行声明。避免在声明本地变量时采用与更外层相同的名字，这样做虽然在 C 语言中是合法的，但是在代码比较复杂或者代码块相对较长的时候经常容易遗忘当前变量的作用域，从而带来不可预期的结果。

一般建议在关键字后添加一个空格，但是不建议在调用函数的名字和参数列表之间包含空格，因为这样有助于把 C 语言的关键字和函数调用区分开来。考虑如下代码片断，if 后面包含空格，但是 strcmp 后面没有空格：

```
if (strcmp(input_value, "done") == 0)
    return 0;
```

2.2.5 注释

前面讲过一个好的代码应该是容易维护的，显然，一个直观的想法就是写一个详细的文档来描述你的代码，或者在你的代码里面包括很多的注释。这两种方法都不是非常可取。首先，对于程序员来说，写一个非常详细的文档需要花费很长的时间；另外，代码经常需要进行维护，相应的文档也需要同步进行更新。每个源程序都包含一个详细的文档的后果使文档变得非常长而且冗余，从而使得想从文档中找到真正重要或者有用的信息变得越来越困难。另外，一个极端的方法也会使得你的代码充斥着注释，反而会影响你的编码工作。因此，一种好的方法是把两者作一个折中，额外的文档来描述其中相对比较重要的设计和算法，而在代码中加入适当的注释，并且通过合适地选取变量和函数名字使得代码本身就具有较强的可读性。

那么怎么样写出具有很强可读性的代码呢？

(1) 首先，应该采取好的编程风格，包括好的布局方式，通过各种控制语句描述出一个非常清晰的逻辑流程等。差错的处理不应该影响代码主要流程的呈现。另外，应避免使用太多的嵌套代码块，因为这样可能导致完成某个功能的代码过长,从而使得维护起来相对要困难一些。

(2) 其次,采用好的命名,能够传递出该对象的意思,而不需要通过额外的注释来说明。

(3) 不要使用过于复杂的函数。每个函数应该只完成某个事情,把复杂的函数分解成多个子问题,每个子问题再通过一个函数实现,减少那些带有额外效应(side effects)的函数设计,这些额外效应需要通过注释来说明,也很容易在调用过程中出现偏差。

(4) 采用合适的数据类型,如果定义一个不会改变的变量,采用 const 进行限定,如果是一个无符号的数值,采用 unsigned 来进行限定,采用枚举类型来代替一系列的宏常数定义,对于程序中的重要数据类型通过 typedef 来进行定义,这样通过 typedef 的名字就能够传递该变量的含义。

(5) 对于那些有意义的常量,不要直接包含在代码中,而是通过 ＃define 进行定义,以后修改常量的取值时只需要修改 ＃define 语句而不需要在每个用到的地方进行修改。

(6) 加入适当的注释,在源文件开始描述文件中包含的对象,在复杂的函数前描述其功能以及如何调用,在那些复杂的算法或者代码处描述所采用的设计等。

注释主要用来描述函数或者代码块的概要,或者提供从代码本身可能不是那么容易表示的额外的信息。也就是说,注释应该是帮助代码的阅读和理解,而不是简单地描述代码。注释里面不应该包含包括分页在内的特殊字符或者任何特殊的ASCII 艺术来对代码进行强调说明,比如:

```
aBadExample(n, foo));
//              ^^^
//              My favorite function
```

注释里面不需要包含老的代码,这可以通过版本控制工具来完成,避免把暂时不用的代码通过注释的方法去掉,很容易带来混淆,可以通过＃ifdef 来实现:

```
#ifdef 0
// temporarily knocked out code here
#endif
```

避免在注释中包含那些可能过期的信息,比如,如何编译、头文件在什么地方等,这些信息可以通过一个额外的 README 文件来说明。一个好的注释应该是描述为什么要这样编写代码或者这段代码的功能是什么，而不是描述这段代码是怎样实现的，实际上，如果你需要通过注释来描述一个复杂的算法如何设计，这也许意味着你可以采用更好的设计或者算法来实现，比如把代码分隔成多个子函数等。注释可以用于描述一些关键的设计，但是避免重复那些你的代码里面已经反映出来的东西。下面的代码片断给出了几个常见的不恰当的注释：

```
i=i+1; /* Add one to i */

/************************************
 * *
 * Add one to i *
 * *
 ************************************/
i=i+1;
```

注释应该尽可能清晰，因为其本来的目的就是为了使代码更加容易维护，不要采用可能带来歧义的描述，注释并不需要在正式文本中那样特别讲究语法的正确性，主要是要求易懂。

前面描述了如何编写易读易维护的代码，下面通过一个例子来说明，考虑如下代码片断：

```
int i;
for (i = 0; i < l->count; ++i)
k(l[i].obj);
```

首先我们对代码进行美化，采用一个易读的布局，另外可以加入一些注释：

```
int i;
// iterate over all object in the list
for (i = 0; i < l->count; ++i)
{
  // print out this object
  k(l[i].obj);
}
```

最后我们可以通过选取适当的名字，使代码本身就能够表达其完成的内容，从而可以把注释去除：

```
int i;
for (i = 0; i < list->count; ++i)
{
  printObj(list[i].obj);
}
```

2.2.6 控制结构

尽量避免一行包含多个语句的情况，除非有的时候这些语句非常紧密地结合在一起。避免在语句中嵌套出现有副作用的语句或者函数，有的时候这些语句的行为可能在不同的编译器下有不同的结果，因为最终的结果依赖于最终这些语句的执行顺序。考虑如下代码片断，不同编译器有不同的结果：

```
int n;
...
f(n++, n);
```

对于那些 for 或者 while 循环中的循环体为空的情况，需特别加入注释，以便与忘记写循环体的情况区分开来：

```
while (*dest++ = *src++)
    ;        /* VOID */
```

尽管 C 语言中在测试语句缺省情况下是测试是否非 0，但是最好还是采用确切的测试条件。考虑下面代码：

```
if (! (bufsize % sizeof(int)))
    dosomething();
```

以下修改后的代码将更能反映出条件测试的特性——并不是测试真假而是测试是否能够整除。

```
if ((bufsize % sizeof(int)) == 0)
    dosomething();
```

在 switch 控制结构中，如果一段代码对应多个标记，那么，这些标记应该一个一行。另外，如果代码块最后没有 break 语句，则应该添加相应的注释。考虑如下代码片断：

```
switch (expr)
{
case ABC:
case DEF:
    statement;
    break;
case UVW:
    statement;
    /* FALLTHROUGH */
case XYZ:
    statement;
    break;
}
```

在 if-else 等控制语句中，如果其中某个分支有多条语句，不要忘记通过大括号把所有的分支都组合起来。考虑如下代码片断，如果 ex1 后面省略到大括号，可能会出现意想不到的结果：

```
if (ex1)
{
  if (ex2)
  {
    funca();
  }
}
else
{
  funcb();
}
```

2.2.7　移植性

所谓移植性指代码能够在不同的编译器和不同的操作系统平台上获得相同的结果。在撰写移植性代码时要考虑以下这些因素：

(1) 虽然在许多平台上指针的大小和整数的大小相同，但是在有些平台上可能不是这样，因此在假设指针的大小时要小心。

(2) 不要假设 long、float、double 和 long double 变量的地址为偶数。

(3) 不要假设你知道结构、联合等数据类型如何在内存中分配的，不同的编译器可能会采取不同的实现。

(4) 如果有符号字符串要特别注意，不同的机器可能假设 char 是有符号或者无符号字符。

(5) 最好避免使用 char 类型来定义那些数字型变量，如果必须要使用 char 类型，则应明确地声明是无符号还是有符号的 char。

(6) 不要假设 short 就一定是 16 比特，long 一定就是 32 比特。整数类型在不同机器上面可能有不同的大小。

(7) 有些代码本身就是不可移植的，比如说那些处理硬件状态的代码，应把这些代码单独放在一个文件中。

2.3 通用的编程技巧

在软件开发中，总是期望编写的代码能够有比较好的性能，因此性能优化一直是软件开发中不可避免的一个问题。不同的软件系统有不同的性能要求，有的希望有一个较短的执行时间，有的希望有一个较好的响应速度，有的希望代码的大小满足一定的限制，有的希望使用的内存满足一定的限制。如果软件的性能要求得不到满足，一种方法是运行的 CPU 更快、内存更大、I/O 处理速度更快的资源充足的环境；另一种方法可以从软件的设计方面来考虑，采用更加简单的设计和算法；还可以采用更好的编译器，充分利用编译器的优化机制；最后是对编写的代码块进行优化。当然，一个软件程序很容易有成千上万行源代码，如果要对每个代码块都进行优化，几乎是不可能的，因此，一般在进行代码优化时首先利用相应的性能测量工具，找出其中最为影响性能的代码块，然后针对其进行优化。

对代码的优化一般会采用一些不是那么直观的技巧，从而会影响代码的可读性，使得维护比较困难。因此，那些复杂的技巧应该通过相应的注释来给出相应的说明。注意：性能优化并不一定就只能在代码写完后再进行，在项目的起始阶段就应该考虑到性能优化方面的因素，从最早的软件架构的设计、模块的划分、代码的编写直到最后程序的运行，都应该把性能考虑进去。本小节将简单介绍如何写出高效的代码，有些技巧在代码的编写过程中就可以采用，而另一些技巧可能不是那么一目了然，从而会影响代码的可读性。因此，一般是在经过性能测量找到“热点”代码块后才采用这些技术进行性能的优化。需要说明的是，现在的编译器功能都非常强大，能够自动进行代码的优化，这里介绍的一些技巧在有些编译器中可能已经实现，所以在实际开发过程中，首先应考虑可以通过选择合适的编译选项来进行优化，然后再进行人工的代码优化工作。

2.3.1 函数

2.3.1.1 Inline 函数

在进行函数调用时，都需要维护程序栈结构，保存那些可能要在子函数上使用的寄存器，并且把参数压入栈内，在返回时要把返回值传递回来，同时恢复原先保存的现场，这样每次函数调用和返回都需要一定的开销，因此可以把那些经常使用的简单函数转换为内联函数。在调用内联函数时，编译器会把原来的函数调用直接代之以对应的代码段。内联函数与宏定义的函数的不同在于内联函数是类型安全的。从一个用户的角度来看，内联函数看起来和普通函数一样，它可以有参数和返回值，也可以有自己的作用域，然而它却不会引入一般函数调用所带来的负担。内联函数可能会带来效率上的提高，但同时也会导致代码量的增加，而且如果修改了内联函数，那些调用内联函数的模块都要重新编译。因而一般建议在函数体比较小，使得通过函数调用的开销大于采用直接调用的开销时或者通过内联函数导致性能的明显提高时才使用内联函数。

```
inline double bmi(double kg_wt, double m_height)
{
    return kg_wt/(m_height * m_height);
}
```

要使用内联函数或者内联某段代码段有两种方法：一种方法是在函数体之前通过 inline 来告诉编译器；另外一种方法是保持函数体或者代码段尽可能简单，这样编译器会根据实际情况自动将其转换为内联函数。注意声明的一个 Inline 函数，只是用于告诉编译器你希望如此，并不意味着编译器就一定把该函数优化为内联函数，实际上编译器可能要根据该函数的具体内容再决定是否转换为内联函数，这和编译器的实现密切相关。一般说来，那些包含复杂函数的控制结构，比如包含循环、switch 等的函数，还有调用了其他内联函数或者递归调用时，编译器可能拒绝作为内联函数。因此，程序员有更加有效地利用内联函数的空间，可以通过对代码进行转换以避免内联失败的情况。

2.3.1.2 参数和返回值

在调用函数时，通过把参数压入栈来传递参数。因此，如果函数的参数很多时，参数传递的开销比较大。在许多系统中，如果参数个数比较小(小于四个)时，参数的传递可以通过寄存器来传递，从而进一步减少开销。同时 C 语言采用的是按值传递的策略，如果函数的参数是一个复杂的数据结构（比如结构类型），函数的调用需要把整个结构压入堆栈，因此参数应避免采用复杂的数据结构类型，可以通过一个指向该复杂数据结构类型的指针来代替。如果函数体不会修改该复杂结构的内容，则指针应加上 const 的限定，这样编译器就可以进行相应的优化，不会每次访问该结构的内容时都需要重新读取该结构。

```
void print_data( const bigstruct  * data_pointer)
{
... printf contents of structure...
}
```

如果一个函数的参数需要多于四个参数，可以考虑把相关的参数定义在一个结构类型中，然后传递一个到该结构的指针，这样可以减少参数的数目。同时，由于结构类型中包含的都是密切相关的参数，增强了可读性。应尽量避免采用允许可变的参数的函数，因为这种函数的参数传递都是通过堆栈进行传递的。

有时也可以使用全局变量来代替函数的参数传递，省略了函数调用参数入栈和函数调用完成后出栈的开销。不过，使用全局变量会影响程序的模块化和重入，而 C 语言中函数的参数作用于该函数体，也就是说属于局部变量，编译器可以经常针对局部变量进行相应的优化，因此要慎重使用全局变量。

在调用函数时，如果你不关心该函数的返回值，则不要定义不使用的返回值。因为函数定义并不知道函数返回值是否被使用，因此总是把返回值传递出来。如果调用者告诉被调函数对返回值并不关心，编译器可以针对此进行优化，去掉返回值传递的开销。当然，如果一个函数的返回值从来不会被用到，应该使用 void 来明确声明函数不返回任何值。

C 语言的函数定义允许原型定义，也允许省略掉参数的类型定义，但是原型定义可以传达给编译器更多的可能用于优化的信息。因此，所有函数都应该采用原型定义。

2.3.1.3　函数调用

如果一个函数只在实现它的文件中被使用，把它声明为静态的（static）以强制使用内部连接。否则，默认的情况下会把函数定义为外部连接。这样可能会影响某些编译器的优化，如果函数非常简单，可以进行自动内联。如果没有指向该函数的指针引用，编译器可以简化调用过程。下面的代码片断给出了一个简单的例子，swap 只在当前文件中调用，因此可以声明为静态函数。

```
void swap(int * x, int * y) {
    int t;
```

```
    t = *y;
    *y = *x;
    *x = t;
}
```

变为：

```
static void swap(int *x, int *y) {
    int t;
    t = *y;
    *y = *x;
    *x = t;
}
```

如果在一个循环体中经常调用某个函数，并且该函数只在这个循环体中使用，这时可以把循环体放进该函数体中，从而去掉重复多次函数调用的开销。考虑如下代码片断：

```
for(i=0 ; i<100 ; i++)
{
    func(t,i);
}


void func(int w,d)
{
    lots of stuff
}
```

可以优化为：

```
    func(t);

    void func(w)
    {
        for(i=0 ; i<100 ; i++)
        {
                lots of stuff
        }
    }
```

函数体中经常包含一些测试语句，在某些条件下继续执行函数体，其他条件下则执行中止。可以考虑把这些测试尽量放在函数体前面，从而可以避免一些不必要的代码执行。考虑如下代码：

```
void func(char *name, int flag)
{
   Prepare for further operation;
   if (flag==0)
       return;
   actual operation here
}
```

如果测试语句之前的代码改变的仅仅是局部变量，显然测试语句可以放在最前面，代码片断优化为：

```
void func(char *name, int flag)
{
if (flag==0)
       return;
   Prepare for further operation;
   actual operation here
}
```

叶函数指的是那些不调用任何其他函数的函数。编译器通常能够为叶函数提供更加有效的代码，因为不需要像一般的函数那样要保存和恢复寄存器。因此如果有可能，我们应该尽量使得经常被调用的函数成为叶函数。

2.3.2 变量和内存访问

如果一个函数体的局部变量比较少，编译器可以用寄存器来保存这些局部变量，而不需要通过堆栈来访问，这样可以减少堆栈指针的保存和恢复开销，同时寄存器变量的访问速度也更快些。

尽量把局部变量的定义放在真正要使用该变量的变量域中，这样可以减少局部变量的个数。

```
int foo(char *pName)
{
   if (pName == NULL)
   {
```

```
        big_struct a;
        ...
        return ERROR;
    }
    ...
    return SUCCESS;
}
```

函数体中尽量多使用局部变量,少使用全局变量。编译器可以针对局部变量的访问进行更多的优化。而全局变量的值可能被另外一个函数调用改变,或者通过指向该全局变量的指针进行操作而改变,因此编译器无法利用寄存器来保存该全局变量,从而使得使用全局变量时经常需要把变量的值载入寄存器并保存进全局变量。同时,由于全局变量可能会被改变,因此使得编译器无法进行更好的优化。如果一个函数需要经常使用某个全局变量,可以考虑把该全局变量拷贝到一个局部变量中,这样就可以利用寄存器的操作。当然,这种优化只有在该函数调用的函数体中没有再次使用这个全局变量时才能使用。比如:

```
int errs;
void test1(void)
{
    errs += f();
    errs += g();
}
```

假设 f 和 g 都没有使用全局变量 errs,该代码可以优化为下列代码片断,优化前的代码每次 errs 增加时都要先把全局变量加载,然后增加,最后再保存到全局变量中,而优化后的代码,只需要一次加载和一次保存指令。

```
void test2(void)
{
    int localerrs  = errs;
    localerrs  += f();
    localerrs  += g();
    errs = localerrs;
}
```

如果一个变量也在函数体中被使用,但是仅仅限于同一个源文件的代码,可以把该变量声明为静态变量,这样编译器可以分析该变量是如何被使用的,从而可以进行相应的优化。

使用 volatile 关键字时要谨慎，因为大多数编译器会认为该变量不能利用寄存器进行优化，从而也不优化和该变量相关的表达式。

如果有可能，应避免把一个局部变量的地址传递给另一个函数。在通过指针传递参数时，编译器无法确定被调用的函数体有没有修改该变量的值，这样编译器就无法继续把该参数通过寄存器来保存。比如：

```
a = b();
c(&d);
```

因为 d 的地址被另外一个函数 C 使用，而无法确定 d 的值是否在 C 里面或者被别的函数改变，这样编译器在调用函数 C 时，就不能继续把 d 放在寄存器中，同时有些优化也可能没有办法继续进行，而 a 可以继续放在寄存器中。

如果有可能，局部变量应尽量避免使用 char 和 short 类型，而是声明为 int 或者 unsigned int 类型。这是因为 C 语言中算术运算和参数传递都是整数级的。如果采用 char 和 short 类型进行算术运算，需要首先把变量转换为整形，然后再进行运算，最后把结果转换为对应的 char 和 short 型。考虑如下代码片断：

```
int wordinc (int a)
{
  return a + 1;
}
short shortinc (short a)
{
  return a + 1;
}
char charinc (char a)
{
  return a + 1;
}
```

三个函数执行的结果相同，但是后面两个函数需要进行多次类型转换，因此第一个函数执行最快。

与整形变量类似，浮点数包括 float 和 double 两种类型，应尽量采用 float 类型，虽然 float 的精度要低一些，但是运算也更快。同时整形与浮点类型之间的格式转换开销很大，应当尽量避免这种类型转换。注意原来那些可以用于整形的优化并不能用于浮点型变量，因此，如果有可能应尽量自己进行优化。比如 3 * (x/3)并不能优化为 x，甚至(a+b)+c 的执行结果也可能和 a+(b+c)不同。

因为 CPU 的速度要远大于 RAM 的访问速度，现在的多处理器经常采用缓存技术，不仅对要访问的数据进行缓存，而且对程序代码也进行缓存以加快程序的执行。对于内存的访问进行优化，一个很重要的技术就是利用访问的内存的邻近特性，从而使得缓存能够发挥作用。下面的代码片断由于要访问两个相隔很远的变量，因此很难进行优化：

```
int i;
for (i=0; i < 9999; i++)
    a[i] = a[10000-i] * 5;
```

考虑一个多维数组的操作，在通过多个循环来访问数组的每个项时，应该按照最靠右的下标依次访问。考虑下面的代码片断：

```
float array[20][100];
int i, j;
for (j = 0; j < 100; j++)
    for (i = 0; i < 20; i++)
      array[i][j] = 0.0;
```

因为 C 语言的多维数组采用行优先的顺序，即先将一行内的各列元素依次分配到内存空间，再处理下一行元素。Array[i][j]是数组对应的内存空间的第 i * 100+j 个元素，而在最内层的循环后面访问的是 array[i+1][j]，显然不是按照顺序来访问内存空间的。从内存访问的角度，该代码可以优化为：

```
float array[20][100];
int i, j;
for (i = 0; i < 20; i++)
    for (j = 0; j < 100; j++)
      array[i][j] = 0.0;
```

如果运行时经常一起使用的函数在指令空间中也存放在一起，指令的缓存策略更能够有效工作。因此，可以把那些程序关键部分经常调用的函数放在同一个源文件里，把经常使用的函数与不大使用的函数分开放在不同的源文件里。

多数现代处理器不允许访问任意内存地址的数据，所有访问都应该对齐于 CPU 支持的某种内定边界(通常为 4 字节的边界)，非对齐的访问往往要比对齐的访问慢得多，因此在定义复杂的数据结构或者数组时，经常需要插入填充字节来保证所有变量都能够对齐于某个合适的边界。针对这个特性，在定义结构类型时，把结构体的成员按照它们的类型长度排序，声明成员时把长的类型放在短的前面，最后再把结构体填充成最长类型长度的整倍数。考虑下列代码片断：

```
struct
{
    char a[5];
    long k;
    double x;
} foo;
```

可以优化为：

```
struct
{
    double x;
    long k;
    char a[5];
    char pad[7];
} foo;
```

当编译器分配给本地变量空间时，它们的顺序一般和它们在源代码中声明的顺序一样。这样与结构体的内存分配机制类似，应该把长的变量放在短的变量前面。考虑下列代码片断：

```
short ga, gu, gi;
long foo, bar;
double x, y, z[3];
char a, b;
float baz;
```

可以优化为：

```
double z[3];
double x, y;
long foo, bar;
float baz;
short ga, gu, gi;
```

当使用结构数组时，编译器在访问数组中的第 i 个结构中的字段时，实际上是访问从数组起初处开始偏移量为第 i * sizeof(struct)的内存单元处对应的结构。因此，通过填充适当的字节可以把结构类型的大小调整为 2 的幂，这样原来的乘法运算就可以通过移位运算来实现，从而可以减少数组索引时的乘法运算的开销。

与上面类似，在使用多维数组时，使最左边的维数之外的其他维数的大小为 2 的幂，这样在计算元素时，索引需要用到的乘法就可以用移位运算来代替。比如下列二维数组：

```
char playfield[80][25];
```

经过优化后元素 playfiled[i][j]的偏移量等于 i<<5+j：

```
char playfield[80][32];
```

2.3.3 算术表达式

几乎所有的代码在一定程度上都进行算术运算，而且许多运算经常要重复多次运行，因此，算术表达式的优化有助于大大提高程序的性能。常用的算术操作符中，操作符的复杂度是按照取模、除法、乘法、加减和移位运算的顺序递减的。因此，算术表达式优化中一个经常采用的策略就是把乘法和除法运算用移位和加法运算来代替。一般来说，整数与一个 2 的幂的乘法和除法可以分别用整数的左移和右移运算来代替。比如下列代码：

```
i *= 256;
i /=256;
```

可以优化为：

```
i = i << 8;
i = i >> 8;
```

实际上，整数与任何其他整数的乘法运算都可以进一步通过移位和加法或减法运算来优化，比如下列代码：

```
i *= 272;
i *= 7;
```

可以优化为：

```
i = i << 8 + i << 4;
i = i <<3- i;
```

除了乘法和除法运算可以进行优化外，其他复杂的运算表达式也可以采用运算强度更低的表达式来代替。连除运算可以通过乘法来减少不必要的除法运算，求余操作可以考虑用比特运算来代替，幂运算可以考虑用乘法运算来代替，复杂的运算可以通过抽取公共项来减少计算次数，减少条件测试的次数等。大多数编译器会对加 1、减 1 以及复合赋值进行优化，通过选用合适的指令来减少操作执行的速度。考虑如下代码：

```
m = i / j / k;
```

```
x = w % 8;
y = pow(x, 2.0);
x = y/w + z/w;
if ( a==b && c==d && e==f) {…}
x = x + 1;
x = x + y
```

可以优化为：

```
m = i / (j * k);
x = w & 7;
y = x * x;
x = (y + z) / w;
if( ((a-b)|(c-d)|(e-f))==0 ) {...}
x++;
x += y;
```

另外，对于(a/b) > c，如果已知 b>0，并且 b * c 不会溢出，可以重写为 a > (c * b)。需要指出的是，前面提到的许多算术运算的强度削弱技术主要针对无符号整数的，对于整数类型，可能需要考虑到符号的差异。因此，如果某个变量的值永远不是负数时，应该采用无符号整数而不是有符号整数。

一个经常使用的布尔表达式是检查变量的取值是否在一定的范围：(x >= min && x < max)，该表达式可以转换为(unsigned)(x - min) < (max - min)，当 min 为 0 时，这种优化的效果要更好。考虑下面代码，用于检查点是否在长方形内：

```
bool PointInRectangelArea (Point p, Rectangle *r)
{
    return (p.x >= r->xmin && p.x < r->xmax &&
            p.y >= r->ymin && p.y < r->ymax);
}
```

可以优化为：

```
bool PointInRectangelArea (Point p, Rectangle *r)
{
    return ((unsigned) (p.x - r->xmin) < r->xmax &&
            (unsigned) (p.y - r->ymin) < r->ymax);
}
```

考虑下列代码，每次循环都要有一次乘法运算，但是考虑到下次循环时 i 增加 1，相应的 h 增加 4，因此可以将其用加法运算进行优化：

```
for (i = 0; i < MAX; i++)
{
    h = 14 * i;
}
```

优化后的代码为：

```
for (i = h = 0; i < MAX; i++)
{
    h += 14;
}
```

很多时候，算术运算可能会频繁使用某些表达式的一小部分，如果该子表达式的值一直保持不变，显然就没有必要每次都重新计算，而是在第一次计算时将其保存起来，在以后子表达式出现的地方以保存的值进行替换。一般的编译器都能够对那些简单的公共表达式进行优化，但是对于有些复杂的表达式，编译器可能无法抽取出来，因此需要我们自己进行优化。考虑如下代码：

```
/* Sum neighbors of i,j */
up = val[(i-1) * n + j];
down = val[(i+1) * n + j];
left = val[i * n + j-1];
right = val[i * n + j+1];
sum = up + down + left + right;
```

需要执行三次乘法操作，注意观察四个变量所访问的下标的特性，可以优化为下列代码，只需要执行一次乘法操作：

```
int inj = i * n + j;
up = val[inj - n];
down = val[inj + n];
left = val[inj - 1];
right = val[inj + 1];
sum = up + down + left + right;
```

C 语言经常要用指针来访问，考虑下面代码：

```
int i;
for(i = 0; i < numPixels; i++ )
```

```
{
    rendering_context->back_buffer->surface->bits[i] = some_value;
}
```

每次循环都要进行指针的引用操作，我们可以把每次都需要计算的指针引用抽取出来，优化为：

```
unsigned char * back_surface_bits =
          rendering_context->back_buffer->surface->bits;
int i;
for( i = 0; i < numPixels; i++ )
{
    back_surface_bits[i] = some_value;
}
```

实际上，上面的代码可以进一步进行优化，循环中每次访问数组都要进行一次索引的计算，而相邻的下标实际上只相差 1，因此可以采用前面已经介绍过的类似方法进行优化：

```
unsigned char * back_surface_bits =
          rendering_context->back_buffer->surface->bits;
int i;
for( i = 0; i < numPixels; i++,back_surface_bits++ )
{
    * back_surface_bits = some_value;
}
```

值得注意的是，由于编译器在对算术表达式进行优化时，经常需要改变子表达式的执行顺序，因此，如果子表达式具有副效应(side effect)时，需要明确给编译器一些指导，比如通过引入随机变量将表达式的求值转换为多条语句。所谓副效应指的是除了完成其相应的功能外还可能改变程序的全局状态。比如下列代码的副效应，包括 i 减 1 和 j 加 1。

```
x= --i + j++;
```

由于 C 语言一般不保证表达式各个子表达式的计算顺序，这使得在使用有副效应的表达式时要加倍小心。考虑如下代码：

```
int global = 0;
int f(x)
```

```
{
        global+= x;
        return (global);
}
int g(x)
{
        if (global > 40)
            global += x;
        return (global);
}
x = f(50) + g(30);
```

有的编译器首先执行 f 然后是 g，有的则采取相反的顺序，前者的执行结果为 130，而后者结果为 50。读者可以看到在同一个赋值语句中出现两个带副效应的函数时有可能会出现问题。由于在代码中通常很难看清其带来的影响，所以应尽量防范程序受到副效应的干扰。编译器经常在发现可能会出现副效应时采用非常保守的优化策略，前面所介绍的在函数内采用全局变量、通过指针传递参数都可能带来副效应，这也正是函数内部尽量采用局部变量而不是全局变量、尽量避免不要把局部变量的地址传递给另外一个函数的原因之一。

2.3.4 Switch/If 等控制结构

多处理器对于顺序执行的代码的处理效率最高，可以采取流水线等技术。因此，如果有可能应尽量编写顺序执行的代码。但是 If/Switch 分支类控制结构是程序语言中不可避免而且经常使用的元素，如果分支指令执行后仍然沿下一条指令继续执行，则处理器仍然可以继续使用流水线内的指令。但如果执行的结果是 else 分支，则需要跳转到该处，这样带来的结果就是原来的流水线中断。当然，有的处理器能够支持分支预测技术，比如 Pentium 4 和 Pentium M 处理器使用分支目标缓冲区和分支历史来预测分支的结果，但是随机的分支模式一般是难以预测的，因此，分支优化时的一个最主要的思想就是尽量提高分支的可预知性。当然，由于分支预测算法与处理器密切相关，因此，最简单的方法就是使得最主要的流程紧跟 if 而不是 else 分支。下列代码：

```
if (error)
{
    handle error
```

```
}
else
{
    real code
}
```

可以优化为：

```
if (!error)
{
    real code
}
else
{
    handle error
}
```

从刚才的描述可以看出，if 语句最主要的开销是 else 分支的跳转，因此，一种优化的方法是消除 else 分支。考虑下列代码：

```
if (Condition) {
    Case A;
} else {
    Case B;
}
```

可以优化为下列代码：

```
Case B;
if (Condition) {
    Undo Case B;
    Case A;
}
```

当然，这种优化的前提是可以还原执行的代码之前的场景。另外，这种优化牺牲了分支 Case A 的性能，因为现在还需要执行 Case B；Undo Case B。当然，如果根据两个分支实际使用的概率，也可以考虑把两个分支调换一下。

下面的代码给出了在 X86 平台下 max 函数的一个非常有趣的优化，实际上完全消除了分支指令，不管 a 和 b 的大小如何都执行相同的指令。

```
static int int_max(int a, int b) {
```

```
    b = a-b;
    a -= b & (b>>31);
    return a;
}
```

除了两个分支的 if/then/else 语句外，在多分支情况下经常用到 if/elseif，后面的分支要经过前面的分支条件的测试，因此，应该把最常出现的情况放在最前面的分支中，这样可以避免无谓的条件测试。考虑如下代码：

```
if ( i== 1) {
    do1thing();
} else if (i == 2) {
    do2thing();
} else if (i > 5) {
    doRealthing();
}
```

可以优化为：

```
if ( i > 5) {
    doRealthing();
} else if (i == 1) {
    do1thing();
} else if (i== 2) {
    do2thing();
}
```

如果要判断的并列条件比较多，并且每个分支跳转的可能性都差不多，一种方法是采用 switch 语句，还有一种方法是拆封成多个嵌套的 if 结构。下面的代码采用了嵌套的 if 结构的优化策略：

```
if ( i>1 && i<4) {
    if ( i == 1) ...
    else if (i == 2) ...
    else if (i == 3) ...
    else ...
}
else ...
```

C 语言的布尔表达式采用短路计算的策略，即在有多个条件时，前面的子表达

式计算的结果如果导致整个表达式一定为FALSE，则后面的表达式不再计算。考虑一个if(condition_one && condition_two)的条件测试，应该使得前面的条件更加容易、更加快速地计算，或者前面的条件为FALSE的概率比后面的概率高。对于||等其他类型的条件测试也可以采用类似的思想来进行优化。考虑如下代码：

```
char a[]="this is a long string of which we want to know the length";
int b    = 0;
if ( (strlen(a) > 100) && (b > 100) )
{
    d++;
}
```

前一个条件显然比后一个条件要复杂，因此可以把两个条件调换：

```
if ( (b > 100) && (strlen(a) > 100) )
{
    d++;
}
```

前面说过，当并列的条件很多时，也可以用switch语句来实现。switch语句可以根据表达式的整形结果将控制分支到多个程序位置。编译器一般会针对多个分支的情况采用跳转表的方法来实现switch，使得分支较多的性能较之采用多个条件语句要快得多。为了使跳转表的性能能够更好，case语句的标号应该尽可能地接近，考虑下列代码：

```
switch (i) {
  case 1：…
  case 10：…
  case 100：…
  case 1000：…
  default：…
}
```

上面的代码很难通过跳转表的方式实现，编译器一般会把它转换为多个if/else语句。实际上，编译器一般会针对case标号的具体分布情况，采用跳转表和条件语句相结合的方式。因此，一般应该将最常使用的标号放在最前面，这样即便采用多个条件语句时，由于要测试的条件最少而使得对应的分支执行最快。考虑如下代码：

```
int days_in_month, short_months, normal_months,
```

```
        long_months;...
switch (days_in_month)
{
    case 28:
    case 29:
        short_months ++;
        break;
    case 30:
        normal_months ++;
        break;
    case 31:
        long_months ++;
        break;
    default:
        fprintf(stderr, "month has fewer than 28 or more than 31 days\n");
break;
}
```

显然,每个月31天和30天的情况最多,而28天和29天的情况最少,因此可以优化为:

```
switch (days_in_month)
{
    case 31:
        long_months ++;
        break;
    case 30:
        normal_months ++;
        break;
    case 28:
    case 29:
        short_months ++;
        break;
    default:
        fprintf(stderr, "month has fewer than 28 or more than 31 days\n");
```

```
        break;
    }
```

2.3.5 循环优化

循环使得编写的程序更加紧凑，原来要重复多次的代码段现在只需要出现一次就可以了，大大减少了代码的大小。但是，循环的重复性也使得其经常可能成为代码的热点，一个低效的循环可能对程序的性能有较大的影响，因此循环的优化是性能优化的重点之一。

一种方法是利用算术表达式中提到的强度削弱策略，通过运算强度较低的加减法来避免乘法运算。考虑如下代码：

```
for(i=0;i<10;i++) {
  printf("%d\n",i*10);
}
```

可以优化为：

```
for(i=0;i<100;i+=10) {
    printf("%d\n",i);
}
```

在有些循环中，有些运算是和循环变量无关的，这样可以把它们放到循环外面，从而不需要每次循环都重新计算。这些循环不变量包括表达式、函数的调用、指针运算、数组访问等。大多数编译器都支持循环不变量优化，但是注意编译器无法检测和移出所有的循环不变量，因此程序员可以自己来进行优化。考虑下列代码：

```
int x = 0;
for (x=0; x <100; x++) {
    array[x] = x * foo(val);
}
```

编译器可能无法确定 foo(val)是否有副效应，每次执行返回的结果都有可能不同，因此编译器会采取比较保守的策略，不进行优化。如果用户能够确保 foo(val)的每次执行结果都相同，则可以将上述代码优化如下：

```
int x = 0;
int fooval  = foo(val);
for (x=0; x <100; x++) {
    array[x] = x * fooval;
}
```

和循环不变量类似的一个优化策略是把分支语句移到循环外面，考虑如下代码：

```
int flags;
...
/* This is an important inner loop */
for(i=0; i<n; i++) {
  if( flags & 0x01 ) {
    DoOneThing(i);
  }
  else if( flags & 0x10 ) {
    DoSomethingElse(i);
  }
  else {
    DoYetAnotherThing(i);
  }
}
```

假设条件分支中调用的函数没有副效应，即不会改变 flags 的值。在循环体中每次都要执行条件分支操作，而条件分支可能会使得流水线机制中断，从而会带来很多开销，因此上述代码可以优化为：

```
int flags;
...
if( flags & 0x01 ) {
  for(i=0; i<n; i++) {
    DoOneThing(i);
  }
}
if( flags & 0x10  ) {
  for(i=0; i<n; i++) {
    DoSomethingElse (i);
  }
}
else {
  for(i=0; i<n; i++) {
```

```
    DoYetAnotherThing(i);
  }
}
```

如果一个函数经常在一个循环中被调用，与上面条件分支的情形类似，可以考虑把循环放到函数体中来减少重复的函数调用带来的开销。考虑如下代码：

```
for(i=0 ; i<100 ; i++)
{
    func(t,i);
}
void func(int w,d)
{
    lots of stuff.
}
```

可以优化为：

```
func(t);
void func(w)
{
  for(i=0 ; i<100 ; i++)
  {
    //lots of stuff.
  }
}
```

在循环语句中，经常会出现在全部循环结束之前就可以退出的情形，这个时候就没有必要继续下面的循环，而是可以早些退出循环。考虑下列代码：

```
found = FALSE;
for(i=0;i<10000;i++) {
  if( list[i] == -99 ) {
    found = TRUE;
  }
}
```

可以优化为：

```
found = FALSE;
for(i=0;i<10000;i++) {
```

```
    if( list[i] == -99 ) {
        found = TRUE;
        break;
    }
}
```

有时候，可以考虑把具有相同循环控制的相邻循环合并为一个循环，这种方法被称为循环融合优化。注意，如果合并后的循环体中的代码完成的任务过多，可能没有办法容纳在指令缓存中，这时候不进行循环融合也许性能要更好一些。考虑如下代码：

```
for(i=0; i<100; i++){
    stuff();
}
for(i=0; i<100; i++){
    morestuff();
}
```

可以优化为：

```
for(i=0; i<100; i++){
    stuff();
    morestuff();
}
```

如果循环变量的改变值的方向对循环执行的结果没有什么影响，可以采用由大向小循环直到0，考虑如下计算n！的函数：

```
int fact1_func (int n)
{
    int i, fact = 1;
    for (i = 1; i <= n; i++)
        fact *= i;
    return (fact);
}
```

该循环需要执行：首先计算i−n，判断是否小于等于0？如果是，i加1然后继续。如果采用下面的循环，则该循环执行：判断是否等于0？如果是，i减1然后继续，显然优化后的循环要快一些。

```
int fact2_func(int n)
```

```
{
    int i, fact = 1;
    for (i = n; i ! = 0; i--)
        fact *= i;
    return (fact);
}
```

当循环次数很小时，可以考虑把小循环展开，从而消除了循环变量的维护以及分支指令的开销，当然，带来的后果是会增加代码量，因此，完全的循环展开只有在小循环且循环体也非常简单的情况下使用。考虑如下代码：

```
for(i=0; i<3; i++){
    something(i);
}
```

可以优化为：

```
something(0);
something(1);
something(2);
```

当循环比较大时，仍然可以采用循环展开技术，考虑下列代码：

```
sum = 0;
for (i=0; i<1000; i++) {
    sum += array[i];
}
```

可以通过循环展开优化为：

```
sum = 0;
for (i=0; i<1000; i+=4) {
    sum += array[i];
    sum += array[i+1];
    sum += array[i+2];
    sum += array[i+3];
}
```

优化前的版本中，循环体需要执行 1 000 次，而优化后的代码只需要执行 250 次，循环测试和分支带来的开销有了大幅度的减少。

如果一个多重循环中，最内层的循环要远远小于外层的循环，则可以通过交换循环次序来进行优化。考虑如下代码：

```
float a[2000][40][2];
for(i=0;i<2000;i++)
    for(j=0;j<40;j++)
        for(k=0;k<2;k++)
            a[i][j][k] = a[i][j][k] * 1.01 + 0.01;
```

由于内层的循环要小得多，因此，经常要在内外层循环中跨越，可以通过重新定义多维数组 a，并且采用循环交换来进行优化：

```
float a[2][40][2000];
for(i=0;i<2;i++)
    for(j=0;j<40;j++)
        for(k=0;k<2000;k++)
            a[i][j][k] = a[i][j][k] * 1.01 + 0.01;
```

前面我们介绍了很多常用的代码优化技术，有的技术可以提高执行的速度，有的技术可以提高内存的访问，至于在实际编码过程中到底选用哪些技术进行优化，需要根据软件的性能要求以及代码的实际情况来选择。

习 题

(1) 一个好的代码是如何在正确性、可读性、可移植性和性能方面进行平衡的？

(2) 程序员会经常在代码中加入 assert()，请问 assert()的作用是什么？

(3) 请问下面哪些是好的变量名，为什么？

① int apple_count

② bool apple_count

③ char *string

④ int loop_counter

(4) 内联函数可以减少函数调用的开销，同时也带来更多的代码优化可能，如何使得一个经常使用的函数成为内联函数？

(5) 全局变量可以省略掉函数调用时参数传递的开销，但是为什么会鼓励在函数体内使用局部变量而不是全局变量？

(6) 在课本中，下面的代码

```
struct
{
```

```
  char a[5];
  long k;
  double x;
} foo;
```

被优化为：

```
struct
{
  double x;
  long k;
  char a[5];
  char pad[7];
} foo;
```

请详细说明为什么要这样进行优化?

(7) 如何对下列代码进行优化：

```
for (i=0; i < 1024; i++)
      foo(i * 272);
}
```

(8) 如何对下列代码进行优化：

```
switch (i) {
case 100: foo1();break;
case 200: foo2();break;
case 300: foo3();break;
case 400: foo1(); break;
case 500: foo3();break;
case 600: foo2();break;
default: foo();
}
```

(9) 下列代码是否可以进行进一步的优化，如果可以，如何进行优化?

```
for (i = 0; i < n; i++)
   for (j = 0; j < n; j++)
     a[n * i + j] = b[j];
```

(10) 下列代码是否可以进行进一步的优化，如果可以，如何进行优化?

```
void lower(char  * s)
```

```
{
  int i;
  for (i = 0; i < strlen(s); i++)
    if (s[i] >= 'A' && s[i] <= 'Z')
      s[i] -= ('A' - 'a');
}
```

3 性能调试

为了保证要开发的应用具有令人满意的性能，性能优化应该从需求分析阶段开始，贯穿到软件开发的各个阶段。本章首先将介绍在软件开发的各个阶段的性能优化需要考虑的问题，描述了如何选择合适的算法和设计，接着将介绍软件优化的基本步骤，包括选择基准程序、收集数据、寻找热点、修改设计或者代码、重新测试等。由于应用的性能会受到硬件和软件平台等的影响，软件的优化一般采取自顶向下的策略。

3.1 性能调试方法

3.1.1 性能优化问题

对于一个软件开发任务而言，主要有两个关键的要素：首先是正确性；其次是性能。正确性指的是开发的软件应该满足并且能够正确地实现用户的需求，这是软件开发的最主要目标。性能或者软件优化应该是一个贯穿整个软件开发周期，从开始设计一直到最终完成的系统工程，包括系统的设计、应用的开发和测试，甚至到应用实施过程中。一般来说，性能优化主要是在软件开发后期才开始进行，但是在开发快要结束时才真正进行应用程序的优化往往很难获得非常理想的性能改进，而且越晚发现问题，从而修补花费的时间和精力更多。因此，为了保证要开发的应用具有预期的、令人满意的性能，应该和软件开发的功能需求一样，在应用设计时就开始考虑，而不是在最后阶段再进行修补。图 3.1 给出了性能优化问题在哪个阶段解决所需的开销的示意，从图中可以看出，修正某个性能问题的开销与整个软件开发周期的阶段成正比。在设计阶段针对某个性能问题进行修正可能只需要几个小时的时间，但是，如果该性能问题在软件开发阶段才被发现，则需要修改代码，甚至可能需要重新回到设计阶段来修改软件的体系结构设计，如果问题在测试阶段被发现，相应地可能需要重新设计、重新编码以及重新测试，而如果问题直到真正投入使用后才发现，则除了设计、编码和测试的开销外，更严重的是会影响最终用户的使用。

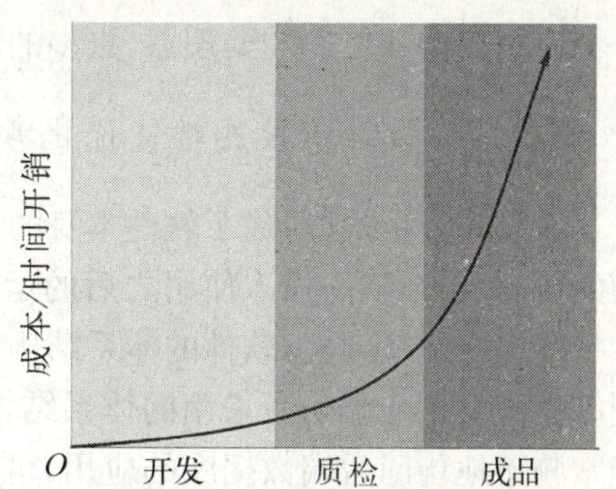

图 3.1 软件开发阶段的优化开销

那么，什么是性能或者软件优化呢？优化这个单词的一般含义就是使得某个东西更加好。在软件开发过程中，优化一般指的是使得程序运行得更快或者更好，但是需要注意，有的程序不仅仅要求运行得更快，可能还有其他的性能要求，比如减少执行代码的大小，提升输出数据的精确程度，提升代码的质量，减少程序的启动时间，增加设备资源的利用率、效率、数据吞吐率，减少存储空间的开销等。而影响软件的性能的因素不仅仅是编写的代码本身的质量，运行的硬件平台（包括 CPU、内存、硬盘、网卡和其他设备等）、操作系统和运行库、软件的设计、相关参数的配置、软件模块之间的接口等都会对软件性能有比较大的影响。除了应用的执行时间更快之外，软件优化经常希望能够提升其他的性能指标：

(1) 利用率。指一个设备忙于处理请求的时间所占的比率，与之对应的就是空闲时间。从计算的角度，利用率等于设备忙的时间除以请求的总时间。

(2) 效率。指的是用于实际完成有用的工作的时间所占的比率。由于用户对于有用的工作的定义可能各不相同，因此除了利用率之外，其他的因素也会影响效率。

(3) 延迟。指的是完成一个活动（比如访问内存或者一次 I/O 读写操作）需要花费的时间，经常又被称为响应时间。如果有多个子任务，延迟可以定义为完成最长或者最后一个子任务的时间。

(4) 多进程。指的是在一个系统上运行多个进程或程序。

(5) 多线程。指的是一个进程在同一个地址空间内同时执行多个线程。每个线程可能有不同的执行路径和不同的堆栈。

(6) 并行。指的是多个任务同时执行，并行能够提高效率，减少延迟和提高吞吐率。

(7) 吞吐率。指的是单位时间内系统完成的工作，每个设备资源对工作的定义不同。比如考虑缓存的吞吐率指在一次访问中缓存传输到 CPU 的内存大小。

(8) 伸缩性。指的是应用能够随着资源的增加相应地提高应用的性能。比如一个应用在增加更多的处理器、更多的RAID设备时性能能够有大的增加。

3.1.2 设计阶段的性能优化考虑

在需求分析阶段，除了软件本身的功能要了解清楚之外，还需要考虑到性能方面的要求，包括软件投入使用之后的运行环境以及用户常规使用过程中期待的性能指标。在此基础上，软件的体系结构设计同样也需要考虑到性能方面的要求，不同的性能要求会影响所采用的体系结构、数据结构、算法的选择。比如，一个需要经常频繁地访问后端数据库的应用，可能会选择采用通过多个到后端数据库的连接来实现，而不是仅仅只采用一条连接，显然，这个不同的选择会对应用的性能有很大的影响。如果不是在设计阶段就考虑到性能方面的因素，直到发现性能有问题时才改用连接池，会导致编码甚至模块之间的划分有比较大的改动。考虑一个支持大量用户请求的应用，为每个用户分配1 M的缓冲区，只有少数几个用户时可能没有什么问题，但是如果有成千上万个用户，此时这种设计显然会导致性能的急剧下降。因此，一个正确的设计是决定软件运行速度快慢的最重要因素之一。好的设计或者算法能够以快速高效的方式来解决问题，而一个糟糕的设计无论怎样实现和优化都可能无法获得很好的性能。比如在很多不同的数据排序算法中，冒泡排序虽然比较简单但是比较慢，其算法复杂度为O(N2)，意味着运行时间随着要排序的数据个数N的增加而呈指数增加。而快速排序法具有更好的计算复杂度O(N log N)，当然，快速排序算法也需要一些额外的开销，这样在要排序的数据个数非常小时可能还要比冒泡排序慢一些，但是在中等或者大量数据时，快速排序一般要快得多。因此，具体选用哪种算法除了考虑算法的计算复杂度外，还应该考虑到你要进行排序的数据的基本特性，比如数据个数的大小以及这些数据是否是随机顺序还是大部分数据都已经排好序。

大多数的问题都可以找到相应的算法，这些算法可以来自书籍、专业期刊或Internet。选择一个最适合自己应用的正确算法是获得高性能的最关键因素，而计算复杂度则是评价一个算法好坏的最重要特性，它是一个定量的数学模型，从而允许用户对于算法的性能有一个迅速的了解，但是它并没有衡量算法的精确执行时间，而只是一个相对性能，给出了要执行的基本操作的近似数值。一个基本操作指的是数学运算、赋值、测试等。一个算法的性能可以通过平均情况、最好情况和最坏情况下的大O算法复杂度来判断。所选择算法的不同会影响数据结构的设计。许多算法要求特定的数据结构，而数据结构也会影响所采用的算法。比如你要搜索一个包含1 000项的列表，采用一个线性数组的数据结构，一般采用复杂度为O(n)的线性查找算法，而如果采用一个二叉树的数据结构，则搜索的计算复杂度为 O(log n)。

除了计算复杂度和数据结构可以用于决定选择哪种算法外，算法的实现需要执行的指令也会对性能有很大的影响，比如整数的加减法、移位等运算执行速度非常快，而除法等指令则执行缓慢，显然应该选择那些更多采用执行速度快的指令的算法。另外，现在的处理器大多支持流水线技术，能够同时执行多条指令，当然，这种指令的并行执行要求这些指令间不存在数据相关，因此在算法的实现中应该尽量减少数据相关，从而使得处理器能够在每个时钟周期内同时执行多条指令。超线程、多核以及多处理器结构允许一种粗粒度的并行方式，使得程序运行得更快，因此选择算法时应该选择那些更加容易分解为可并行执行的一组计算的算法，从而获得性能的提升。

除了基本算法和数据结构的选择外，还有一些比较“宏观”的设计阶段的一些方法。对于那些需要大量计算或者访问的开销比较大的数据可以引入缓存机制，预先把计算好的或者读取的值放在缓存中，这样以后访问时就可以使用这个缓存的值。对于那些需要经常访问的资源可以引入资源池的概念，比如一些经常要读取的文件可以预先打开，然后将句柄放在池中，这样就不需要每次访问时都要打开和关闭文件。另外，那些与后端数据库或者网络服务方的连接也可以采用类似的方法。

在设计阶段之后就是代码的编写，正如上一章所介绍的一样，在这个过程中最重要的是保证代码的正确性和可维护性，一个不正确的代码无论怎样进行优化都是在做“无用功”。代码的优化和可维护性两者经常是矛盾的，而且只是优化某个代码片段可能并不一定会带来大量的性能提升，因为这段代码可能只是执行少数几次。相反，优化经常意味着代码可能会变得难以理解，从而可能会进一步影响代码的正确性。因此，在这个阶段并不需要进行大量的优化，而是更加侧重于写出正确的易维护的代码。当然，在不影响维护性的前提下可以采取上一章介绍的一些比较简单的优化技术。

3.1.3 软件优化过程概述

在代码编写好之后，你可能需要开始软件优化阶段，这也正是接下来的章节要主要介绍的内容。在进行软件优化之前，你编写的应用程序应该相对来说已经比较完善和稳定，基本上没有什么大的错误，也就是说应用程序已经至少处于 BETA 版本阶段，而不是一个不太完全的东西，产品发布后用户需要经常使用的功能都已经完成，所需要的运行环境、操作系统以及平台软件的补丁等都已经包含最新的更新，这样就可以通过运行相应的基准程序来收集相应的数据从而测试应用的性能，而且可以相信这些性能表现与以后产品真正投入使用后的性能表现基本类似。

一个典型的软件优化过程中的第一步是选择或者设计一个基准(Benchmark)，Benchmark 用于客观地测量需要优化的整个应用、部分代码或者算法的性能，拥有了 Benchmark 程序后才能开始进行进一步的优化。接下来就是通过运行 Benchmark 程序收集相关的数据，并且根据这些数据进行分析以找到对性能提升最有帮助的热点(hotspot)。在找到热点后进一步对热点区域的代码进行分析，找到引发热点的原因，是内存访问的原因？是循环方面的原因？是分支预测方面的原因？还是算法方面的原因？在找到引起热点的原因之后，针对其找到相应的解决方案后修改代码，然后再通过 Benchmark 程序进行分析来验证是否带来了性能的提高。如果性能仍然不满意，则继续寻找热点进行优化，一直重复，直到达到满意的性能或者接近理论上的最优性能为止(见图 3.2)。

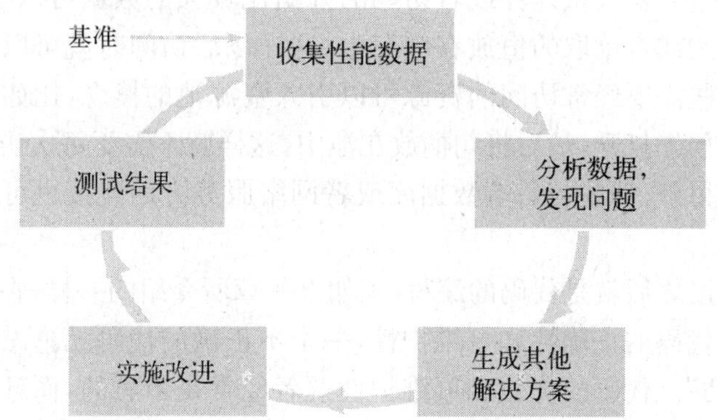

图 3.2　软件优化过程：在优化过程中采用可重复的有代表性的基准

3.1.4　自顶向下的软件优化策略

影响软件性能的因素除了所采用的算法的性能外，还包括处理器、内存、网络接口、磁盘 I/O 接口等硬件设施以及运行的操作系统、平台软件和程序库等。因此在进行软件的性能优化时，一般采取一种自顶向下的方法(见图 3.3)：首先是系统层的优化，其主要目的是确保那些包括处理器、内存、网络和磁盘接口等在内的系统级的部件不会成为应用的瓶颈；接下来是应用层的优化，主要从整个应用的层面进行优化，比如选择更加合适的 API 接口，采用多线程技术以及锁的优化等；最后是微结构层的优化，主要针对缓存访问缺失、分支预测以及采用处理器相关的特性等。

3.1.4.1　系统层的优化

系统层的性能瓶颈可以通过检测应用运行过程中的 CPU、内存、网络和磁盘的利用情况来找到。相对来说,系统层的性能瓶颈的定位最为容易。在找到性能瓶颈后,可以针对这些硬件部件、操作系统和平台软件进行硬件的升级或者软件的更新与配置。一般来说,工作站级的应用由于一般运行在单台机器上面,而且一般处于用户模式,系统层的性能瓶颈问题相对来说要少一些,但对于服务器级的应用,由于相对比较复杂,经常要使用大量的资源,因此,这些应用的优化的第一步应该侧重于系统级的优化。

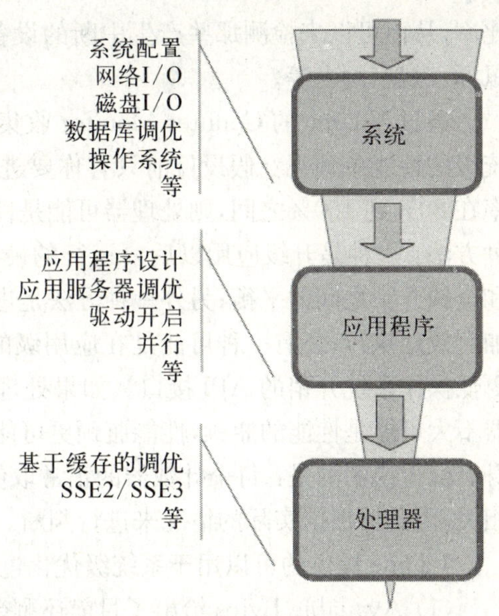

图 3.3 自顶向下的软件优化过程

虽然采用自顶向下的性能优化方法,但要注意它并不是严格的上下层的层次关系,上层的优化一般可能会解决下层或者更低层遇到的瓶颈问题,因此,我们应该采用自顶向下的优化策略,同时在进行下层的优化之后有可能会发现新的需要更高层来解决的瓶颈问题,因此需要再回到更高层进行优化。比如刚开始可能会发现在应用层找到了一个处理器的利用率的瓶颈,在应用层的优化解决这个瓶颈之后,可能又会发现一个磁盘带宽不足的瓶颈问题,而这个问题可能需要在系统层进行优化。

怎样知道系统层的硬件和操作系统出现了性能的瓶颈了呢? 这可以通过一些性能检测工具来观察,比如,Windows 操作系统的任务管理器的性能检测给出了 CPU 和内存使用情况的图标、计算机上正在运行的句柄、线程和进程的总数以及物理、核心和认可的内存使用情况,通过任务管理器的联网可以查看网络带宽的变化情况。Windows 操作系统还提供一个性能监视器 perfmon 来对操作系统资源进行详细的监视,另外,Intel 的 VTune 性能分析器也可以通过计数器监控功能来进行监测,这些计数器主要分为 CPU、内存、磁盘和网络四大类。CPU 类的计数器主要包括:

(1) %Processor Time 以及%Total Processor Time 给出了某个处理器或者所有处理器忙的时间的比率,它是描述处理器的活动情况的主要参数。

(2) %Privileged Time 给出了处理器运行在特权模式的比率,一般在调用 Windows 系统服务时,由于要访问系统专有的数据,常常处于特权模式。

(3) %Interrupt Time 给出了处理器处理中断和执行中断处理占用的时间的

比率，从而可以来检测那些产生中断的设备的活动情况，这些设备包括系统时钟、鼠标、磁盘、网卡等。

通过 VTune 的 Counter Monitor 收集到这些计数器的值之后，怎样判别有系统级的性能瓶颈呢？假设目前只有你要进行优化的应用在运行，如果处理器利用率在 80%到 100%之间，则处理器可能是性能瓶颈，要解决这个性能瓶颈可能有几种方法：一种是升级应用以后要运行的硬件平台，但要注意这时需要考虑到性能和金钱开销之间的平衡；另外一种方法是进行微结构级的优化，使得指令流能够更加有效地执行；还有一种可能是在应用级的优化，重写应用来利用更加好的、具有更低操作系统开销的 API 接口。如果处理器的利用率要大大低于 100%，则处理器不大可能是性能的瓶颈，性能瓶颈更可能是在输入输出设备、操作系统和应用本身。值得说明的是：每个计数器的正常取值范围和当前运行的应用程序以及系统相关，因此要根据实际的情况来进行判断。

VTune 提供的可以用于系统级优化过程的和内存有关的计数器包括：

(1) Available Bytes 给出了目前还剩余的虚存的大小。

(2) Cache Bytes 给出了当前系统使用的缓存空间的大小。

(3) Cache Bytes Peak 给出了系统启动后最大使用的缓存空间的大小。

(4) Pages/sec 给出了页故障导致的读写的页数。

(5) Copy Read Hits %给出了要访问的数据在缓存中的比率。

和磁盘读写相关的计数器包括：

(1) Disk transfers/sec 给出了每秒的磁盘读写操作的次数。

(2) Average Disk sec/Transfer 给出了每次磁盘传输操作所需要的平均时间。

(3) Current Disk Queue length 给出了当前请求磁盘访问队列中的请求个数，一般如果长度大于 2 则可能出现磁盘的性能问题。

和网络相关的计数器包括：

(1) Bytes Total/sec 给出了在网络接口每秒传输的字节数。

(2) Packets Outbound/Received Errors 分别给出了由于错误而无法发送出去或者接收后无法递交到更高层的分组个数。

3.1.4.2 应用层的优化

应用层的优化主要是为了更加有效地访问资源，包括线程、锁的优化以及选择更好的 API 接口，一般可能会要求修改应用的语义，包括对应用的某些部分进行重新设计或者重新实现，比如原来的多进程或者单进程设计改为多线程的实现等。

应用层的性能优化可以通过 VTune 的性能计数器监测以及采样机制来找到那些经常运行的线程、模块和函数，再针对这些部件进行优化。需要检查的计数器除了前面介绍过的%Total Processor Time 和%Total Privileged Time 外，还包括下列计数器：

(1) Context Switches/sec 给出了线程切换 CPU 的次数，如果一个应用有很多线程要访问同一个资源时，由于资源的限制，经常要进行线程的切换，因此一般会具有一个比较高的取值。

(2) %User Time 给出了该应用进程运行在用户模式中的时间所占的比率。

(3) Thread Count 给出了该应用进程目前活跃的线程个数。

3.1.4.3 微结构层的优化

微结构层的优化主要是利用微处理器的特性，包括分支预测、数据对齐、循环和缓存的优化等。VTune 性能分析器可以通过基于事件的采样来寻找可能优化的瓶颈。比如分支预测可以通过 Branch Events 组中的相关事件来监测，数据对齐可以通过 Misaligned References Ratio 来监测，缓存优化可以通过监测有关 L1 缓存和 L2 缓存的事件来判断。微结构层的具体优化方法将在后面的章节作详细的描述。

3.1.5 80/20 规则

软件优化的一个很重要的原则就是不要试图对代码的每个部分进行优化，而应该只对那些“热点”进行优化，如果花费大量的时间来优化应用的“冷点”部分，则这些开销可能对于整体的性能提升并不是非常大。这个原则经常被称为“80/20 规则”或者“Pareto 原理”。80/20 规则最早可以追溯到 1906 年，意大利经济学家 Vilfredo Pareto 建立了一个数学公式来描述意大利的财富的不平等分布情况，他观测到 20%的人拥有 80%的财富。后来人们发现在很多地方都可以应用这个规则，比如在计算机网络中网桥的部署等。同样，80/20 规则也可以应用在软件优化中，即应用中的很小一部分的代码可能是大多数性能瓶颈出现的原因，因此在软件优化时应该注重于最热点部分的代码。

所谓热点，指的是在一个应用或者系统中那些有大量活动的区域，大多数情况下，热点区域会包含一个循环语句。对于那些没有热点的应用，软件的优化可以进一步在内存的布局、更好的编译选项方面进行优化。

Gene Amdahl 是计算机体系结构领域的先驱者之一，他提出了“Amdahl 规律”，可以用来找到当只提升系统某一部分的性能时整体性能的最大提升效率，其基本思想是当我们对系统的某一部分提升性能时，对于整体性能的提升依赖于这个部分的重要程度以及该部分提升的幅度。Amdahl 规律展示了收益递减规律，假设你只是对应用中 12%部分的性能进行优化，则整个应用的性能提升最多只能为$\frac{1}{1-12\%}=1.136$，这也意味着为了得到更好的性能提升应该优化应用中那些瓶颈较多的热点区域。

考虑一个执行时间为T_{old}的应用，应用的一部分的执行时间占的比率为P，这个部分通过进一步优化性能提升到原来的k倍，也就是说那部分原来的执行时间为pT_{old}，优化后的执行时间为pT_{old}/k。这样整个应用的执行时间为：

$$T_{new}=(1-p)T_{old}+pT_{old}/k$$

整个系统的性能提升$S=T_{old}/T_{new}$，把上面的公式代入并化简后有：

$$S=\frac{1}{(1-p)+p/k}$$

我们用一个例子来说明 Amdahl 规律，考虑一个应用包含两个相对独立的部分 A、B，其中 A 的执行时间占总执行时间的 80%，而 B 占 20%。假设 B 经过优化性能提升为原来的 5 倍，即$k=5$，这样整体性能的提升为：

$$S=\frac{1}{(1-0.2)+0.2/5}=1.20$$

如果我们把 A 的性能提升为原来的 2 倍，即$k=2$，这样整体性能的提升为：

$$S=\frac{1}{0.8/2+0.2}=1.66$$

从这个例子中可以看出，即便我们把 B 的性能大大提升，但是总体的性能提升并不是很大，而我们把 A 的性能虽然只是提升一倍，总体的性能提升也要更好一些。

如果假设在 Amdahl 规律的公式中的k取值为无穷大，也就是说可以把应用的某一部分进行深度优化以至于该部分的执行时间可以忽略不计，这样上面的公式变为：

$$S_{\infty}=\frac{1}{1-p}$$

这样即便我们把应用的 60%的部分进行优化，使得这部分时间忽略不计，但是总体性能的提升也仅仅为 1/0.4=2.5。

80/20 规则要求我们在进行软件优化前首先找到应用的热点。那为什么会出现热点呢？这是因为软件执行过程中各个部分所占用的时间是不均匀的。有些部分可能只执行一次或者少数几次，而有些部分则可能会要经常执行或者要花费很长的时间。显然，对于那些只执行少数几次的部分，比如初始化代码和出错后的错误处理等，由于占用很少的时间，对这些部分进行优化带来的整体性能提升不会很大，因此不值得进行优化。

热点可以是任何事件密集的区域，除了那些消耗大量时间的区域外，在发生大量的缓存缺失、页面缺失或者分支预测差错的地方，都可能找到热点。因此在寻找热点时，我们应该不仅仅对于执行时间进行采样，还应该对于缓存、分支预测等事件进行采样，执行时间最长的区域并不一定就是分支预测差错最多的区域，这些时间应该综合起来并且根据应用的具体情况来进行分析以找到真正的热点。

有的时候可能会出现应用的各个部分的执行时间相对比较均匀的情况，因此无法通过性能监测工具的事件采样来寻找到热点。但是这并不是意味着这个应用已经被完全优化了。这种均匀执行的应用通常都包含了相似的代码或者使用了同样的宏，如果能够对宏进行优化，则能够对这个程序的性能产生影响。这种情况下，编译器的优化可能会更加容易发挥作用，它可以帮助提高每一段代码的性能。

3.2 性能调试工具

3.2.1 计时机制

工欲善其事，必先利其器。软件优化经常要用到一些性能调试工具。软件优化经常希望能够减少应用的执行时间，使得应用跑得更快。如何测量整个应用或者某一部分应用的运行时间？在 Unix 操作系统中，有命令行工具 time，可以返回要运行的程序的执行时间(包括总时间、内核时间和用户时间等)。在 Windows 操作系统中，并没有对应的系统命令行工具来完成类似的功能，不过可以编译以下代码来完成类似的功能：

```
#include <sys/timeb.h>
#include <time.h>
#include <stdio.h>
#include <stdlib.h>
#include <process.h>

char *_progName;
```

```
void usage()
{
    fprintf(stderr, "usage: %s command...\n", _progName);
    exit(1);
}

double diff_time(struct _timeb t1, struct _timeb t2)
{
    double d_t1, d_t2;
    d_t1=(double) t1.time + ((double)t1.millitm/1000);
    d_t2=(double) t2.time + ((double)t2.millitm/1000);
    return d_t2-d_t1;
}

void main(int argc, char *argv[], char *envp[])
{
    char *args[32];
    int i;
    struct _timeb t1, t2;

    _progName=argv[0];
    if (argc < 2) usage();

    for (i=0; i<argc; i++) args[i]=NULL;
    for (i=1; i<argc; i++) args[i-1]=argv[i];
    _ftime(&t1);
    _spawnvp(_P_WAIT, argv[1], args);
    _ftime(&t2);
    fprintf(stdout, "%.3lf seconds\n", diff_time(t1, t2));
}
```

注意到上面的代码采用 ftime 来进行计时，在 Unix 操作系统中，一般用标准 C 库中的 gettimeofday 来代替。在 Windows 操作系统中，还可以使用标准 C 库函数来实现计时功能，但是它的精度相对来说比较差，精度为 s，而 ftime 的精度要更好一些，不过也是毫秒级的，这些函数显然不适合于特殊精度要求的环境。

```
time_t StartTime, ElapsedTime;
StartTime = time(NULL);
<... your code here ...>
ElapsedTime = time(NULL)-StartTime;
printf("Time in sec %d",ElapsedTime);
```

Windows 多媒体计时器能够比标准系统时钟更精确地计时。如果计算机的负载不是很大，多媒体时钟每隔 10 ms 提供一个定期的计时信号，timeGetTime 函数返回系统启动后的以毫秒为单位的时间，通过在代码开始处记录起始时间，在代码完成后的当前时间减去记录的起始时间就是代码的执行时间。由于 timeGetTime 返回的是一个 DWORD(32 比特)的值，在 49.71 天之后会回绕，不过一般来说，大多数机器不会连续执行这么长时间，因此可以忽略这种情况。

```
DWORD StartTime, ElapsedTime;
StartTime = timeGetTime();
<... your code here ...>
ElapsedTime = timeGetTime()-StartTime;
printf("Time in ms %d",ElapsedTime);
```

Windows 也有相应的函数来提供精度不到微秒级的计时器，最低的精度随不同的机器而不同，这可以通过调用 QueryPerformanceFrequency 函数来获得计时器的频率。假设调用该函数返回 3579545，这样每次时钟跳动为 1/3579545 秒，大约为 0.28 μs。进行计时的过程和使用多媒体计时器类似，只是现在调用 QueryPerformanceCounter 返回的是 64 bit 的整数。

```
LARGE_INTEGER freq;
LARGE_INTEGER StartTime, EndTime;
LARGE_INTEGER elapsedTime, elapsedMicroseconds;
QueryPerformanceFrequency(&freq);
QueryPerformanceCounter(&StartTime);
<... your code here ...>
QueryPerformanceCounter(&endTime);
ElapsedTime = EndTime - StartTime;
elapsedMicroseconds = elapsedTime / freq;
printf("Time in micro seconds %d",ElapsedTime);
```

Intel Pentium 处理器之中提供了一个时间戳计数器，它以 64 位无符号整型数的格式记录了自 CPU 上电以来所经过的时钟周期数。由于目前的 CPU 主频都非常高，因此可以达到纳秒级的计时精度。机器指令 RDTSC（Read Time Stamp Counter）可以用来读取这个计数器的当前值，并将其保存在 EDX：EAX 寄存器中。下面两段代码分别给出了采用 32 bit 和 64 bitCPU 时钟进行计时的示例：

```
DWORD StartTime, ElapsedTime;
_asm {
    RDTSC
    mov StartTime, eax
}
<...  your code here ...>
_asm {
    RDTSC
    sub eax, StartTime
    mov ElapsedTime, eax
}
printf("Time in CPU clocks %d",ElapsedTime);

__int64 StartTime, EndTime;
_asm {
    RDTSC
    mov DWORD PTR StartTime, eax
    mov DWORD PTR StartTime+4, edx
}
<...  your code here ...>
_asm {
    RDTSC
    mov DWORD PTR EndTime, eax
    mov DWORD PTR EndTime+4, edx
}
printf("Time in CPU clocks %I64d",EndTime - StartTime);
```

Intel 的 IPP 性能库也提供了相应的函数来提供计时器的功能，IPP 函数 CoreGetCpuClocks 实际上也是读取 Intel 处理器的硬件时钟，返回一个 64 bit 的整数,下面的代码给出了采用 CoreGetCpuClocks 来进行计时的示例。

```
#include "ipp.h"

Ipp64u StartTime,EndTime;
startTime  = ippCoreGetCpuClocks();
<... Your code here ... >
endTime  = ippCoreGetCpuClocks();
printf("Time in CPU clocks %I64d",EndTime  - StartTime);
```

3.2.2　性能监测器

前面已经介绍过,Windows 操作系统提供两个工具来对于系统的资源和进程的相关信息进行检测。第一个工具是任务管理器,通过点击性能和联网可以查看当前系统的 CPU 利用、内存使用以及网络接口带宽的使用情况,而点击进程按钮可以查看当前运行的进程的相关信息,如图 3.4 所示。

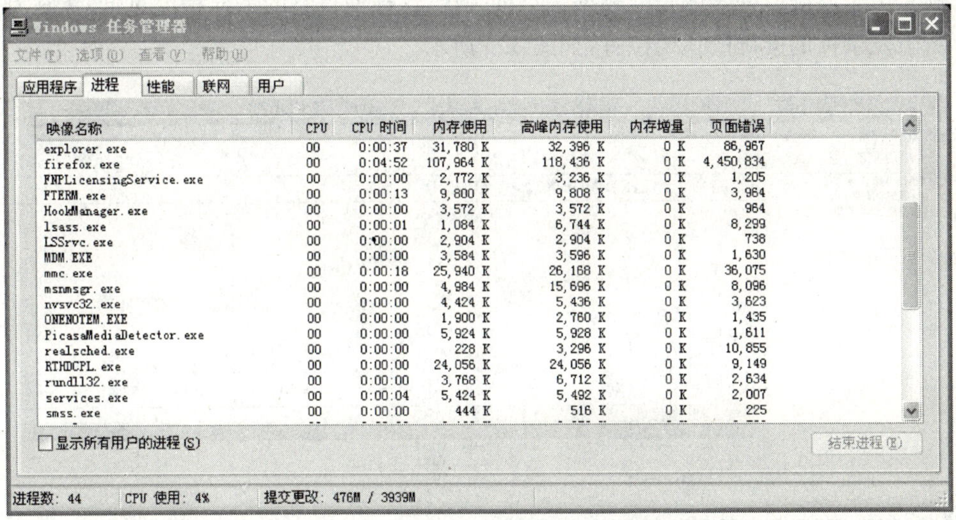
Windows 任务管理器
文件(F) 选项(O) 查看(V) 帮助(H)
应用程序
进程
性能
联网
用户
映像名称 CPU CPU 时间 内存使用 高峰内存使用 内存增量 页面错误
explorer.exe 00 0:00:37 31,780 K 32,396 K 0 K 86,967
firefox.exe 00 0:04:52 107,964 K 118,436 K 0 K 4,450,834
FNPLicensingService.exe 00 0:00:00 2,772 K 3,236 K 0 K 1,205
FTERM.exe 00 0:00:13 9,800 K 9,808 K 0 K 3,964
HookManager.exe 00 0:00:00 3,572 K 3,572 K 0 K 964
lsass.exe 00 0:00:01 1,084 K 6,744 K 0 K 8,299
LSSrvc.exe 00 0:00:00 2,904 K 2,904 K 0 K 738
MDM.EXE 00 0:00:00 3,584 K 3,596 K 0 K 1,630
mmc.exe 00 0:00:18 25,940 K 26,168 K 0 K 36,075
msnmsgr.exe 00 0:00:00 4,984 K 15,696 K 0 K 8,096
nvsvc32.exe 00 0:00:00 4,424 K 5,436 K 0 K 3,623
ONENOTEM.EXE 00 0:00:00 1,900 K 2,760 K 0 K 1,435
PicasaMediaDetector.exe 00 0:00:00 5,924 K 5,928 K 0 K 1,611
realsched.exe 00 0:00:00 228 K 3,296 K 0 K 10,855
RTHDCPL.exe 00 0:00:00 24,056 K 24,056 K 0 K 9,149
rundll32.exe 00 0:00:00 3,768 K 6,712 K 0 K 2,634
services.exe 00 0:00:04 5,424 K 5,492 K 0 K 2,007
smss.exe 00 0:00:00 444 K 516 K 0 K 225
显示所有用户的进程(S)
结束进程(E)
进程数: 44
CPU 使用: 4%
提交更改: 476M / 3939M

图 3.4　Windows 任务管理器:运行进程信息

选择任务管理器菜单的"查看-选择"列,可以选择进程的相关信息,包括页面错误、CPU 时间、页面缓冲、线程、I/O 读写情况等,如图 3.5 所示。

第二个工具是 Windows 系统中的 perfmon.exe,系统监视器使用操作系统的计时器中断来唤醒并记录该时刻的计数器的取值,从而发现系统的资源利用的瓶

图 3.5　Windows 任务管理器：进程的相关信息

颈。由于系统监视器的采样频率是每秒一次，这样使得它的采样精度过低，无法判断引发事件的准确的代码位置，如图 3.6 所示。

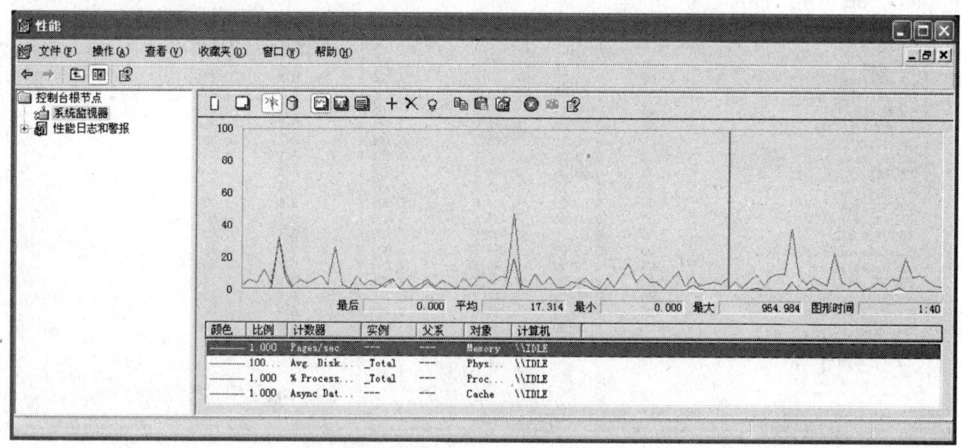

图 3.6　Windows 系统监视器

通过点击添加计数器按钮或者快捷键 Ctrl＋E 可以添加感兴趣的计数器，如图 3.7 所示。性能对象中可以选择感兴趣的计数器组，比如有关 CPU 处理的、内存访问、缓存和物理磁盘等，然后进一步选择感兴趣的计数器，点击说明会给出该计数器的主要含义。

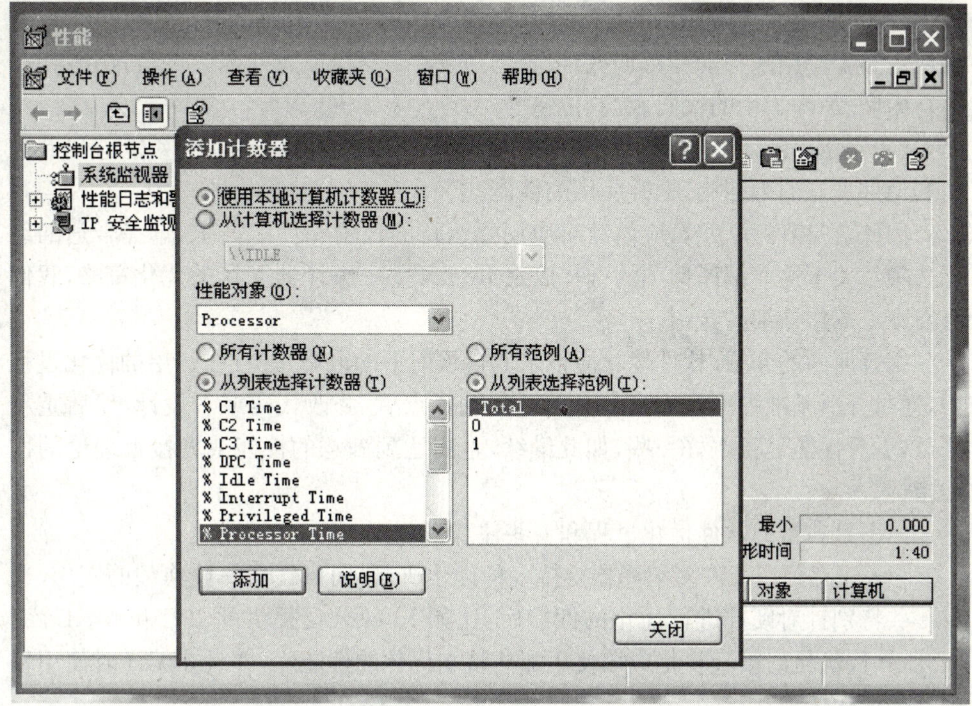

图 3.7　Windows 系统监视器：添加系统计数器

3.2.3　Intel 软件性能优化工具

VTune 性能分析器是 Intel 公司开发的针对 Intel 平台的性能分析工具，它主要包括性能监控、采样和调用图分析三个方面的功能。关于 VTune 性能分析器的具体使用我们会在第 5 章作详细的介绍。

除了利用前面介绍的计时机制和性能分析工具来找到程序的热点，然后针对热点手工修改相应的代码来改进程序的性能之外，最方便改善程序性能的方法是使用编译器的优化选项。Intel C++编译器利用了 Intel 处理器的特性和优化策略，具有很强的优化能力：

(1) 支持多线程应用，支持业界标准的 OpenMP，从而可以把传统的串行应用转换为并行执行，从而可以大大提升应用的性能。Intel C++编译器还支持自动并行化，该选项可以监测到那些可以安全地并行执行的循环代码，并且自动产生相应的多线程代码。

(2) 支持自动矢量化，从而可以有效地利用处理器提供的 MMX、SSE、SSE2、SSE3、SSSE3、SSE4 等 SIMD 扩展指令。

(3) 支持过程间优化 IPO(Interprocedural Optimization),通过考察多个源文件或者整个应用来特别针对那些经常使用的规模不是很大的函数进行优化,比如进行内联、消除无用的代码、常数传递等。

(4) 支持 Profile 导向的优化 PGO(Profile-guided Optimization),能够更有效地利用处理器的微结构,提升应用的性能。

因此,在编译程序时,应该针对应用要运行的环境和性能需求,选择合适的编译选项。关于这些编译选项的选择以及 Intel C++编译器支持的优化策略,我们将在下一章作详细的介绍。

综合前面的介绍,软件优化应该采取自顶向下的策略,并且在每层的优化过程中,通过分析基准程序收集到的数据寻找到热点后,修改代码或者设计,然后重新测试,看看性能是否更好一些,如此继续,直到达到满意的性能或者接近理论的性能指标。

以下是典型的软件优化过程和一些注意事项:

(1) 注意到现在许多编译器支持多种优化机制,而且针对一些典型的应用,也有一些特别针对硬件进行优化的性能库,比如 Intel 公司提供的 IPP 和 MKL 库。因此,软件优化的第一步是应该使用那些特别优化的性能库,并且在编译时使用编译器的优化选项。

(2) 首先看看能否通过系统层的优化来解决 CPU、内存、输入输出以及网络接口等硬件设备和平台的性能瓶颈,通过应用层的优化来看看能否改进多线程的访问以及资源的读写锁的冲突等问题。

(3) 接下来进行微结构层的优化。在这个过程中,应该考虑到许多编译器特别是 Intel C++ Compiler 所采取的优化策略能够自动利用处理器的硬件特性,因此在手工修改代码之前应该优先考虑利用编译器进行优化,比如通过稍微改动代码使得编译器可以自动优化。微结构层的优化主要包括循环语句、分支预测、利用 SIMD、利用 OpenMP 的线程支持、利用 intrinsics 或者直接插入汇编指令等。注意在进行优化时应该每次只进行某种优化,如果同时进行多个优化,有些优化可能会带来性能的下降,从而互相抵消,进而看不到性能的提高。通过每次仅仅进行一种优化,方便评估优化的效果,同时在发现性能下降时也方便回溯到优化前的状态。

(4) 在修改代码后要进行测试,首先要保证应用仍然能够正确执行,其次通过收集相应的性能数据检查性能是否有所提高,性能的提高是否符合自己的预期结果,如果没有,则分析相应的原因,是否修改过程中出现问题,如果有必要可以把刚才的修改取消掉,回过头去重新寻找可能的性能瓶颈再进行优化。

(5) 计算性能的提升情况,决定是否达到满意的性能要求,如果否,进一步进行优化。

3.3 Benchmark

正如前面所述,软件优化的第一步是要通过运行一个基准程序来寻找热点,同时在找到热点修改代码后要再次通过运行基准程序来测试性能的提升情况,并进一步检查是否能够找到新的热点。因此,选择合适的测试基准(Benchmark)对于软件的优化非常重要。基准又被称为 workload,它的目的是能够给要优化或者测试的应用以正常运行时基本等同的输入,软件优化阶段就可以通过这些基准来决定优化应用的哪一部分的代码。

3.3.1 Benchmark 的特性

注意除了提供类似于正常运行条件下的输入之外,基准运行的环境也应该和应用投入实际使用过程中的环境类似,从而可以客观地评价一个应用的性能。一个好的基准应该具有正确性、可测性、可重复性和代表性。

(1) 一个好的基准应该是可测得的,即可以通过一个定义好的性能度量来评价应用的性能。只有一个能够量化的、定义完备的性能度量,才能知道应该测量哪方面的性能,如何进行测试。不同的应用会有不同的性能度量选择,选择性能度量时应该考虑到应用最需要关注的性能表现,除了普遍使用的应用的执行时间来作为性能度量外,还可以采用每分钟支持的交易个数、在给定负载下系统支持的最大用户数、使用内存的数量、处理每帧的时间等。任何能够表示软件性能的数值都可以很好地作为基准的性能度量。

(2) 一个好的基准应该是正确的,即能够验证 Benchmark 的测试内容以及测试结果的正确性。如果花费了不少时间来优化应用的某一部分代码,最后由于 Benchmark 有问题而发现优化的部分并不是程序的热点,这是很令人沮丧的。

(3) 一个好的基准应该是可重复的,也就是说执行多次基准获得的性能评分应该基本相同。一般来说,在不改变系统和应用的配置的情况下,运行两次基准获得的性能评价的误差应该在 1%~2%之间。每次运行都产生不同结果的基准的价值不大。因此,应该在基准运行时关闭系统中所有其他的应用程序,这样可以避免这些程序带来的影响。由于缓存的影响,有些应用在第一次测试和第二次测试时的结果可能会有所不同,一般第一次执行时要访问的数据还在磁盘上,但是第二次执行时这些数据在前一次执行时可能已经放入缓存中。为了避免这种影响,可以在进行基准测试之前首先执行该应用一次或者多次，以使得数据能够加载进缓存中。如果你希望测试没有缓存的情况，这样你可以每次测试之前重启系统，当然这种方法不是很便捷，这时你可以设计相应的工具或者代码来把缓存的数据消除掉，然后运行基准测试。

(4) 一个好的基准应该是有代表性的。基准应该执行应用中的那些日常使用中主要用到的部分，以保证应用中常用的情形能够被分析和优化。使用质量保证测试来代替性能基准并不是一个很好的方法。质量保证测试通常用来评估软件的功能是否正确，因此会测试那些边界条件、错误条件以及特殊的实例，这些通常不是用户的日常行为，因此不值得花很多的时间进行优化。考虑一个 Web 服务器，如果基准的测试每次都是访问同一个页面，这显然并不是 Web 服务器最常遇到的情形，因此一个更好的基准是访问一组页面。

Benchmark 既可以是已有的程序，也可以是为专门测试某个应用而写的新程序。有的时候测试程序可能只是测试应用中某一部分的功能，因此基准也可以是一组程序来测试不同的应用场景。由于自己编写基准程序意味着额外的工作，有的时候寻找目前已有的基准程序也是一个不错的办法。现在已经有许多个业界标准的基准程序，这些基准测试通过生成一个或者一组得分来检测软件或者硬件的性能变化。使用标准的业界基准的一个好处是你能够把你的实现与其他竞争的同行实现的应用进行比较。标准的基准程序进一步可以分为两大类：

(1) 综合型基准。比如 TPC-C 或者 SpecWeb 等，这些基准并不是为某个应用而设计的，其目的是代表当前业界使用的系统配置。

(2) 应用模块型基准。这些基准是为某个应用或者某类应用而设计的，代表了某一个特定的系统配置，这方面的例子包括 SAP 的 SD 基准或者 PeopleSoft 的 Financials 等。

标准的基准程序有时过于通用，无法为某些特殊的配置而定制，相对来说，安装起来比较麻烦，需要花较长时间来运行。因此，有的时候用户会为应用定制自己的基准程序。无论使用定制的还是标准的基准程序，由于要经常运行，因此一定要确保基准能够快速、方便地运行，从而避免许多额外的开销。

3.3.2 Benchmark 示例

我们用一个例子来说明基准的使用方法。假设你实现了一个压缩和解压应用，为了评价应用的性能，首先应该决定需要测试什么。很显然，对于一个压缩和解压应用来讲，压缩的大小是最重要的，其次是解压要花费的时间，另外还包括要用到的缓冲区要求以及支持的压缩格式等。为了使得基准能够代表典型的使用模式，需要使用不同的文件长度和压缩难度，为此你可以选择下列四个要压缩和解压的压缩文件：第一个压缩文件的大小较大(比如 200 MB)，而且主要包含的是二进制文件；第二个压缩文件的大小较大，不过主要包含的是文本类型的文件；第三个压缩文件为中等规模(比如 20 MB)，主要包含的是二进制文件；第四个压缩文件为中等规模(比如 20 MB)，主要包含的是文本文件。分别对这四个压缩文件进行测试，记录压缩后的大小、时间等性能度量。在这些性能度量中消耗的时间可能是一个随当前的运行环境而变化的因素，因此，应该关闭其他的应用程序，并且运行多次，从而排除那些临时性因素。

另外一个例子是你自己实现了一个排序数组的前 n 个元素的算法，你希望与目前已经有的许多其他的排序算法进行比较，为了判断哪种排序算法更好，需要有一个基准程序。为了考察算法在 n 取值不同的时候的性能，你决定执行测试 10 000 次，由于 n 规模较小时排序算法的性能可能差别不大，因此每次测试时 n 都取一个大于 16 小于 NUM_ITEMS(某个比较大的值，比如 8 000)的值，这样对于 n 个数组项进行排序：

```
for ( i=0; i < 10000; i++) {
    n=16 + (rand() % (NUM_ITEMS-16))
    < sorting test code ...  here>
}
```

因为排序的数据并没有特殊的要求，因此，我们决定使用一组简单的随机生成的数值来作为排序算法的输入，而不是测试那些已经排好序或者大部分数组项已经排好序的情形：

```
/* fill array with random integers */
for (i = 0; i < n; i++) {
    numbers[i] = rand ();
}
```

你还需要保证基准的正确性，可以采用下面的代码来验证排序算法的结果是否是正确的：

```
/* verify result */
#ifdef CORRECTNESS
for (i = 0; i < n-1; i++) {
    if ( numbers[i] > numbers[i+1] ) {
        printf("The numbers are corrupted! \n");
        exit(-1);
    }
```

```
}
#endif
```

对于排序算法的性能评价的一个最重要的度量显然是排序所花费的时间，前面我们介绍过几种计时机制，在这里由于排序算法花费的时间不是太长，因此需要比较高的精度，可以考虑采用 64 bit 的处理器时间戳部件来进行计时：

```
__int64 StartTime, EndTime;
_asm {
    RDTSC
    mov DWORD PTR StartTime, eax
    mov DWORD PTR StartTime+4, edx
}
<... test code here  for ( i=0; i < 10000; i++) loop ... >
_asm {
    RDTSC
    mov DWORD PTR EndTime, eax
    mov DWORD PTR EndTime+4, edx
}
printf("Time in CPU clocks %I64d",EndTime - StartTime);
```

3.3.3 标准 Benchmark

3.3.3.1 Linpack

Linpack 是线性系统包(Linear System Package)的缩写，是由美国 Argonne 国家实验室的 Jack Dongarra 编写，通过高斯消元法求解一元 N 次稠密线性代数方程。Linpack 被广泛应用于解决各种数学和工程问题。与此同时，Linpack 也被大量用于测试计算机系统的浮点运算的性能，其性能评分为平均浮点运算速率，即总的浮点运算操作除以执行时间。Linpack 包括 3 个版本：

(1) Linpack 100×100。求解规模为 100 阶的稠密线性代数方程组，它只允许采用编译优化选项进行优化，不得更改代码。

(2) LinPack 1000×1000。要求求解规模为 1 000 阶的线性代数方程组，可以在不改变计算量的前提下做算法和代码上的优化。

(3) Linpack HPL。也叫高度并行计算基准测试(Highly Parallel Computing Benchmark)。用户可以调节方程组 N 的大小，可以在计算量不改变的前提下进行算法和代码上的优化。HPL 采用高斯消元法求解线性方程组。当求解问题规模为N时，浮点运算次数为(2/3 ＊ N∧3－2＊N∧2)。因此，只要给出问题规模N，测得系统计算时间T，峰值浮点计算速率＝计算量/计算时间＝(2/3 ＊ N∧3－2＊N∧2)/ T Flops(浮点运算每秒)。

3.3.3.2 NPB

NAS并行基准NPB(NAS Parallel Benchmarks)是由NASA设计的用于评估并行计算机性能的基准程序，包含用于解决计算流体力学问题的八个程序。目前NPB有下面四个基准：

(1) NPB 1。厂商根据NPB 1报告中给出的规范，采用适合自身机器的算法和编程模型来实现，NAS收集厂商实现执行的结果(注意厂商不需要提供相应的实现源代码)并进行验证，定期发布目前测试的NPB 1基准结果。

(2) NPB 2。该基准是由NAS编写并发布，提供基于MPI的源代码实现。NPB 2基本上不需要优化或者作少量优化就能够接近用户的并行程序所期待的典型性能，它主要是用来测试硬件的性能而不是编译器的优化情况。NPB 2并不是要代替NPB 1，而是NPB 1的一个有益的补充。除了基于MPI的并行版本外，NAS还提供了一个串行的版本NPB - Serial。

(3) NPB 3。该基准建立在NPB-Serial的实现之上，并且进行了相关的优化，引入OpenMP来实现循环级的并行。

(4) GridNPB 3。该基准特别为评价计算网格的性能而设计。

3.3.3.3 STREAM

STREAM是John D. McCalpin提出的内存带宽基准程序，通过执行一个简单地访问大量数据的几次循环，从而测试内存的持续带宽和相应的计算速度。

3.3.3.4 SPEC

SPEC(Standard Performance Evaluation Corporation)是一个对高性能计算机的基准进行标准化的非营利组织。随着计算机体系结构的发展，每隔几年都有一个SPEC版本发布(SPEC89、SPEC 92、SPEC CPU95、SPEC CPU2000)。每个SPEC版本都是利用一个真正实用的大应用程序来测试相关的硬件或者软件的相关性能。比如CPU的基准包括两个部分：一个是测试浮点运算的性能；一个是测试整型操作的性能。

目前正在使用的SPEC基准包括测试CPU性能的CPU2006；测试OpenGL性能的SPECviewperf；测试图形应用的SPECapc；用于高性能计算的HPC2002；测试基于MPI的并行浮点计算的MPI2007；测试基于OpenMP的共享内存并行处理的OMP2001；测试Java服务器的SPEC JBB2005；测试Java虚拟机的SPEC JVM98；测试邮件服务器的SPEC MAIL2001；测试Web服务器的WEB 2005等。

3.3.3.5 TPC

TPC(Transaction Processing Performance Council)Benchmark 用于测试一个数据库能够处理的交易数,目前支持四种类型:

(1) TPC-C。模拟许多用户访问数据库的交易计算环境,这些交易事务包括支付、订单状态更新、交付、仓库库存监测等,是业界联机事务处理的测试基准。虽然 TPC-C 描绘的是一个批发商的活动,但是也可以用于其他类似的商业活动。

(2) TPC-H。测试决策支持而不是事务交易环境的系统性能,它模拟了一个决策支持系统,该系统包含大量的数据,执行较复杂的查询,对关键的商务问题给出回答。

(3) TPC-App。用于测试应用服务器和 Web 服务,模拟一个 24 h 工作的 B2B 的交易服务器的典型活动。

(4) TPC-E。是 TPC 提出的新的联机事务处理基准,通过一个数据库来模拟经纪公司的工作,经纪公司和客户之间的事务包括贸易、订单查询和市场研究等,经纪公司进一步根据客户的订单来进行金融市场的活动,并更新相应的账户信息。

习　题

(1) 软件优化经常会希望提高程序的执行速度,除此之外还有哪些性能指标?

(2) 为什么性能优化需要贯穿整个软件的各个阶段?

(3) 算法的选取对于软件的性能最为重要,请问什么是算法的计算复杂度,它在算法选取中发挥什么作用?

(4) 请简单描述什么是自顶向下的软件优化策略?

(5) 考虑一个应用可以分为两个相对独立的部分 A、B,其中 A 的执行时间占总执行时间的 80%,而 B 占 20%。假设现在通过优化使得 A 部分的性能提升为原来的 10 倍,而 B 的性能提升为原来的 2 倍,请问整体性能提升为多少?

(6) 考虑一个程序,通过性能分析工具发现某段代码的执行时间最长,请问该段代码是不是程序的热点,为什么?如果不是,请举出一个例子来说明。

(7) 请给出至少四种通过插入代码来计算代码块的执行时间的方法。

(8) 假设你估计要优化的代码可能会在缓存的使用上提高性能,请问如何通过 Windows 系统的系统监视器来确定?

(9) 一个好的基准应该具有哪些特性?

(10) 测试计算机系统的浮点运算的性能一般采用哪个标准 Benchmark?请简单介绍该 Benchmark。

4 Intel C++ Compiler

上一章介绍过在软件优化中一个很重要的工具就是利用强大的编译器的自动优化选项，由于现在的编译器的优化支持越来越强大，而且利用自动优化选项而不是自己手动来修改代码进行优化，可以大大减少用户所要花费的时间和精力，同时也便于移植，以后编译器或者硬件升级之后并不需要对代码作修改就可以直接运行。本章将首先介绍如何使用 Intel C++编译器，包括如何安装、运行和设置编译选项等，接着介绍常用的编译器选项以及在何种情况下适合使用这些选项，最后通过几个例子介绍 Intel C++编译器支持的主要优化方法。

4.1 如何使用 Intel C++ Compiler

Intel 提供了特别针对 Intel 处理器进行优化的编译器，支持的语言包括 C++和 Fortran 等，支持的操作系统包括 Windows、Linux 和 MacOS。我们主要介绍 Windows 环境下的 Intel 编译器的 C++版本。在作者编写本书时，最新版本是 10.0，下面的例子虽然都是使用 10.0 版本来运行和测试的，相信其基本思想在更早的版本和将来的版本以及其他操作系统如 Linux 等都可以适用。

Intel 网站上面提供 C++编译器的评估版本，评估版本和正式版本的功能一样，只是只能免费使用 30 天。注意 Intel C++编译器并不能单独安装，它要求所要安装的机器上面预先安装好微软的 C++开发环境，目前支持从 Visual C++ 6.0 开始一直到 Visual Studio 2005。我们将以 Visual Studio 2005 为例来说明。一般来说，Intel C++ Compiler 支持所有 Intel 体系结构的机器，包括 IA-32、IA-64 (Intel Itanium® 2 处理器)和 Intel® 64(支持 64 bit 扩展且运行 64 bit 操作系统)，另外，Intel C++ Compiler 还支持 AMD 的 Athlon64 和 Opteron 处理器。

编译器的安装非常简单，当然要求在此之前已经有安装好的微软的开发环境，运行相应的安装程序后按照安装程序的提示安装相应的编译器版本以及包括和微软开发环境集成的组件等。如果你的机器上装有多个微软的开发环境比如 Visual C++ 6.0 和 Visual Studio 2005，安装程序会自动检测到并提示是否安装与开发环境集成的组件。从图 4.1 中可以看到，同时装有两个开发环境，不过只有一个命令行的构建环境（在安装时选择哪一个微软开发环境），命令行的构建环境其实是和 icl.cfg 和 iclvars.bat 这两个文件相关，如果要利用另一个开发环境，所集成的 Intel C++编译器命令行，只要复制这两个文件，并作相应的改动就可以了。这两个文件在<install-dir>\IA32\Bin 目录中，其中 iclvars.bat 首先调用微软开发环境中的相应环境变量设置的批处理文件，然后设置 Intel C++ Compiler 编译器要用到的环境变量的设置，包括执行文件搜索路径、License 文件、共享文件、库、头文件目录等。icl.cfg 给出希望保持与哪个微软开发环境的兼容性以及该开发环境的链接器 linker 所在的位置：

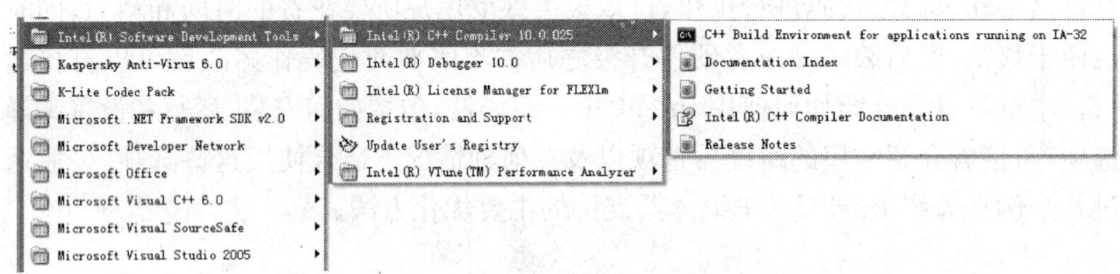

图 4.1 Intel C++编译器环境

```
# Enable Microsoft Visual C++ * .NET 8.0 compatibility
-Qvc8

# Path to Microsoft Visual C++ * .NET 8.0 linker
-Qlocation,link,"C:\Program Files\Microsoft Visual Studio 8\VC\Bin"

# *Other names and brands may be claimed as the property of others
```

Intel C++ Compiler 的编译命令为 icl（在 Linux 系统中为 icc），而连接器为 xilink，注意其输出（比如通过选项－Qvc8 编译）与微软开发环境是兼容的，这也意味着允许使用微软的库和 obj 文件。同样，Intel 编译器的 obj 文件也可以用于微软开发环境。Intel C++ Compiler 支持多个编译选项，比如：

icl /O2 myprog.c

将试图采用 O2 选项（为速度而优化）来编译 mygrog.c，然后调用 xilink 连接器来生成执行文件（执行文件名为 myprog.exe）。当然，你也可以通过选项来说明

只需要编译成目标文件(.obj)或者生成汇编文件(.asm),前者的选项为/c,后者为/S。比如:

```
icl  /O2 /c myprog.c
```

xilink 是 Intel 的连接器,在作一些特殊的处理和优化之后会调用微软的连接器,注意你也可以直接用 icl 来代替 xilink。

```
icl /O2 /c myprog.c
icl  /O2 /c util.c
icl  /O2 /c err.c
xilink  /Fe myprog myprog.obj util.obj err.obj
```

为了使得上面的命令能够自动执行,许多程序员会采用一个 makefile 文件来描述要编译的文件、文件的依赖关系以及采用的选项,然后通过一个简单的 nmake 命令就可以了。假设原来的 makefile 为 proj.mak,可以通过下列命令来采用 Intel 编译器:

```
nmake  -f your_project.mak CPP=icl.exe LINK32=xilink.exe
```

当然你也可以直接修改 makefile 文件来说明编译器和连接器采用 Intel 的版本,同时编译选项也作相应的修改。关于如何修改 makefile,可以参看其他的参考书籍或者示例。

除了命令行方式之外,你也可以直接使用集成了 Intel C++编译器之后的微软开发环境,当然你需要把微软开发环境中的 project 转换为采用 Intel C++编译器,图 4.2 给出了在 Visual Studio 2005 环境下的操作,选择相应的 project,点击鼠标右键或者选择菜单 project,最后选择“Convert to use Intel® C++ Project System”来完成转换操作,这时通过查看 project 的 properties 就可以看到相应的选项已经采用 Intel 的编译器了。

前面我们说过,Intel 编译器和微软开发环境是兼容的,因此也可以对某些文件采用原来的编译器,这时通过在 project 的 properties 界面上的 General 部分的 Intel Specific 栏进行选择,是采用 Intel C++ Compiler 还是 Microsoft VC++ Compiler,如图 4.3 所示。在同一个界面上也可以看到 Profiled-Guided Optimization (PGO)选项,该选项的目的是通过执行结果的反馈来进行优化,具体的内容将在后面介绍。

通过选择 project 的 properties page 的 C/C++或者 Linker 的 Optimization 项,可以调整要采用的编译或者连接选项。从图 4.4 可以看出,直接从图形界面上选择的选项为常用的选项,绝大部分情况下调整这些选项就可以了,但是,如果要使用其他选项,则可以通过 Command Line 来进行。Command Line 给出了当前编

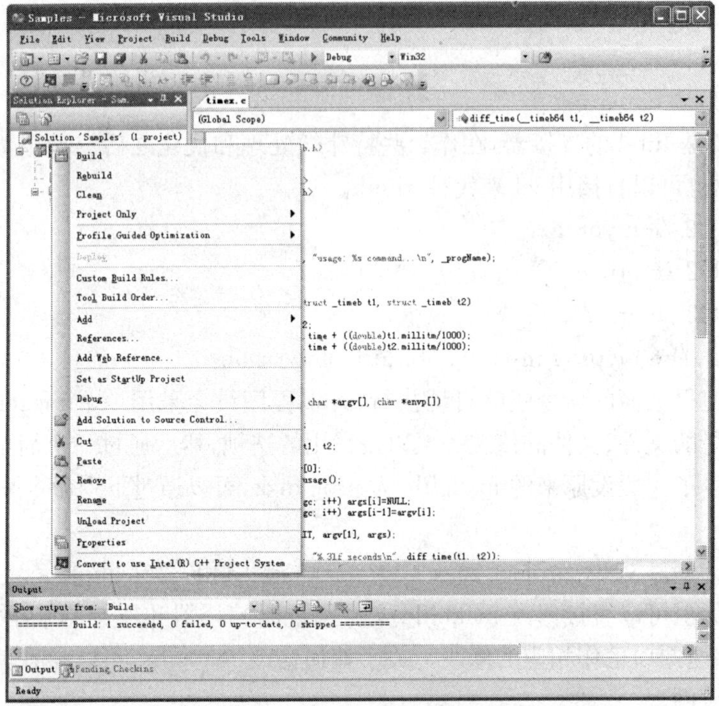

图 4.2　集成开发环境中采用 Intel C++编译器

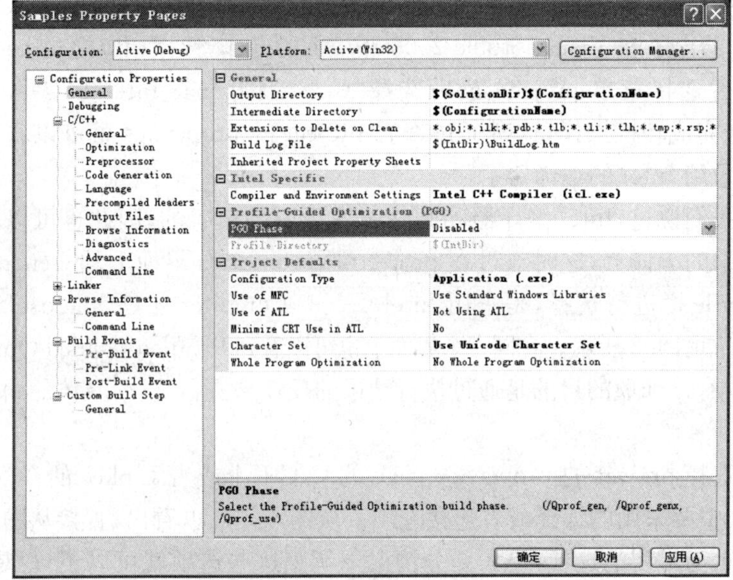

图 4.3　集成开发环境中 project 属性界面

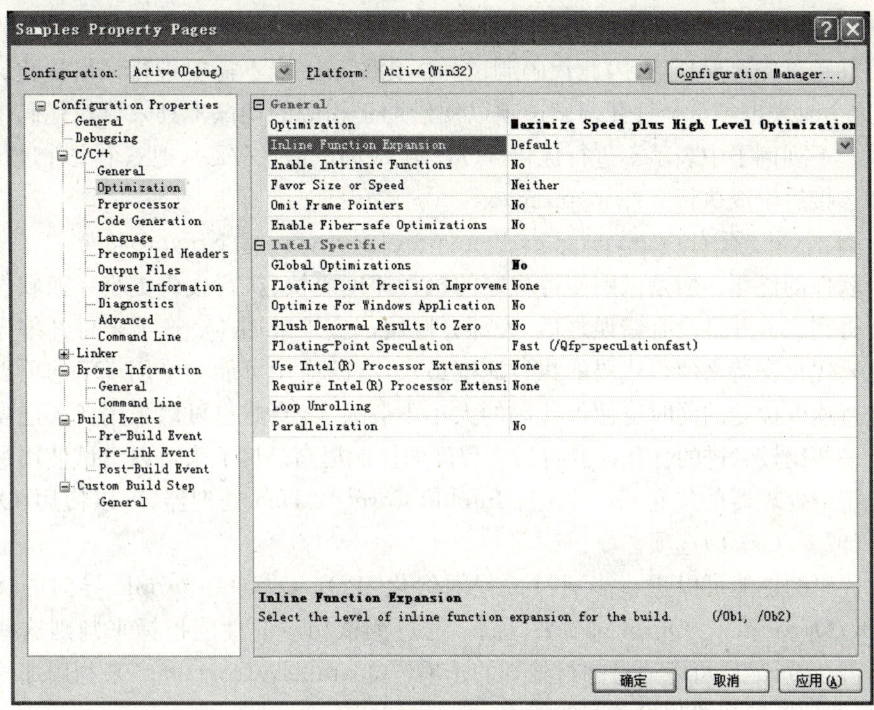

图 4.4 集成开发环境中查看编译选项

译源文件采用的编译选项，对于在界面上无法选择的选项，可以通过 Command Line 窗口的 Additional Options 栏输入更多的编译选项。

在微软开发环境中，你也可以通过 Tools 的 Options 界面来配置 Intel 编译器的相关环境变量的信息，包括采用哪个版本的 Intel 编译器，当前编译器的执行文件、库、头文件以及缺省的选项信息。在这个界面上修改的信息实际上与前面介绍的两个配置文件：icl. cfg 和 iclvars. bat 中的信息基本类似。

4.2 常用的编译器选项

4.2.1 选用编译器选项的基本步骤

编译器强大的优化功能可以使得用户不需要耗费大量的精力来进行手动的优化，而且也有助于软件的可移植性，同时，用户也可以专注于算法的选择和体系结构的设计。

由于编译器优化时可能会改变代码的结构，从而使得执行代码的结构可能无法直接和源代码对应起来，从而使得调试起来相对困难。软件开发过程中，代码的正确性是首先要保证的，因此代码调试和优化的第一步不需要进行任何优化。当然，这个时候也经常会打开调试选项以便借助于相应的调试工具来寻找代码中的错误。下列例子中表示不进行优化(/Od)，生成调试信息(/Zi)，把三个文件进行编译和连接后生成执行文件 myprog. exe。

icl /Od /Zi /Fe：myprog. exe myprog1. c myprog2. c myprog3. c

软件的优化一般是试图使得程序的执行速度更快、执行代码更小。在软件的代码得到完善并且没有错误之后，大部分应用都应该采用/O2 选项来打开编译器的主要优化支持来使得代码的执行速度最快，有的应用可能会采用/O1 选项以使得进行速度优化的同时也使得代码的大小不会太大，当然也可以采用/O3 选项来进行一些比较激进的优化以获得最大程度的性能提高。接下来可以尝试使用那些针对特定处理器的优化，比如针对 Intel® Core™ 2 Duo 处理器，可以使用/O2 /QxT(或者/QaxT)选项。

代码的性能可以进一步通过过程间优化 IPO(/Qipo)和 profile 导向的优化 PGO(/Qprof-gen，/Qprof-use)来提高。通过测试相应的性能指标来判别这些优化是否有效，最后可以通过并行处理的选项(/Qparallel，/Qopenmp)来利用那些多核、多处理器和超线程处理器的能力。

Intel C++ Compiler 是一个功能非常强大的编译器，包含很多的编译选项。那么在什么时候需要选择哪些编译选项？编译器选项可以分为自动优化选项，高级优化选项，代码生成，语言和兼容性，编译器诊断，内联控制，过程间优化，Profile 导向优化，优化报告，OpenMP 和并行处理，浮点数，预处理，输出控制和调试，连接等。表 4.1 列出了一些常用的编译器选项，注意其中有些选项是可以关闭的，Intel 编译器一般采用在原有的选项后面添加一个“-”来表示关闭对应的选项，比如/Qipo-表示关闭过程间优化选项。下面我们将针对其中某些常用的选项作进一步的解释，其他一些选项可以参考 Intel 编译器的用户手册。

表 4.1 常用的编译器选项

Windows	描 述
/Od	不进行优化
/O1	优化以使执行速度最快，不进行那些增加代码但是提高速度有限的优化
/O2	缺省，优化以使执行速度最快

续 表

Windows	描　　述
/O3	除了 O2 的优化外,还包含一些比较激进的优化(不是对所有程序优化都会提高性能)
-fast	-xP -O3 -ipo -no-prec-div -static
/Qvc8	Visual Studio 2005 兼容
/Qlocation,<str>,<dir>	说明 str 对应的工具(比如 linker)所在目录为 dir
/Qoption,<str>,<opts>	为 str 对应的工具传递选项 opts
/c	编译成目标代码
/S	编译成汇编代码
/FA[cs]	在编译过程中要求也生成汇编代码,可以通过 c 和 s 来说明是否还包含对应的机器代码和源代码
/Fe<file>	给出生成得执行文件的名字或者所在目录
/I<dir>	把 dir 加入到头文件搜寻目录
/Zi	在目标文件中生成相关调试信息
/Tc<file>	把 file 看成 C 源文件来编译
/Tp<file>	把 file 看成 C++源文件来编译
/w	不显示警告信息
/W0	仅仅显示差错信息
/W2	显示警告、差错和说明信息,缺省
/Qip	开启单个文件中的过程间优化
/Qipo[n]	允许多个文件间的过程间优化
/Qipo-separate	在进行 IPO 时,每个源文件产生一个目标文件
/Qipo-jobs<n>	给出在连接过程中同时运行的 job 数
/Qipo-C	生成进行了 IPO 的目标文件 ipo_out. obj
/Qipo-S	生成进行了 IPO 的汇编文件 ipo_out. asm
/Qprof-gen[x]	编译时插入相应的代码来收集 profile 信息
/Qprof-use	采用收集到的 profile 信息进行优化
/Qfnsplit[-]	是否允许函数分割(/Qprof-use 时自动打开)

续 表

Windows	描　　述
/Qprof-dir <d>	指定保存 profiling 输出文件(*.dyn 和 *.dpi)的目录
/Qprof-file <f>	给出 profiling 汇集文件的名字
/Qvec-report[n]	控制矢量化的相关信息,n 取值为 0～5,缺省 n=1 表示给出矢量化的循环
/Qopt-report[:n]	输出优化报告到标准错误输出 stderr,n 取值为 0～3,缺省为 2,表示输出详细程度为中等的报告信息
/Qopt-report-file	优化报告的文件名
/Qopt-report-phase	给出输出那个阶段的优化报告
/Qopt-report-routine<name>	输出那些包含 name 的函数的优化报告
/Qx<KWNPTO>	针对特定 Intel 处理器进行优化
/Qax<KWNPTO>	和/Qx 一样针对特定的 Intel 处理器进行优化,不过也包含可以在任何 Intel 处理器上执行的代码
/Ob<0－2>	控制内联扩展,/Ob0 不进行内联,/Ob1 根据源代码的显示说明进行内联,/Ob2 由编译器决定是否内联
/Oi[－]	进行或者不进行 intrinsic 函数的内联
/Qinline-min-size=<n>	控制那些函数的大小小于 n 时认为是小函数
/Qinline-max-size=<n>	控制那些函数的大小大于 n 时认为是大函数
/Qunroll[n]	进行循环展开的最大次数,n 为 0 时表示不进行循环展开,/Qunroll 表示由编译器决定
/Qa[－]	假设没有 alias
/Ow[－]	假设在函数内部没有 alias,但是函数调用可能有 alias
/Qalias-args[－]	函数参数可能有 alias
/Qalias-const[－]	指向 const 的指针不会是指向非 const 的指针的 alias
/Qrestrict[－]	允许 restrict 关键字
/Qopenmp	允许编译器根据 OpenMP directive 生成多线程代码
/Qopenmp-report{0|1|2}	控制显示的 OpenMP 诊断消息的详细程度
/Qparallel	允许为可以并行执行的循环自动生成多线程代码
/Qpar-report{0|1|2}	控制显示循环自动并行化的诊断信息的详细程度

续 表

Windows	描 述
/fp：<name>	控制浮点数的优化选项
/Qpc32,/Qpc64,/Qpc80	内部 FPU 的精度为 24/53/64 bit,缺省为 64 bit
/Qftz[—]	开启或者关闭微小数下溢为 0 优化
/Zp[n]	给出结构类型的对齐限制,缺省为/Zp16,即 16 bit 对齐

4.2.2 自动优化选项

Intel 编译器的自动优化选项主要是四个,分别是/Od、/O1、/O2、/O3。/Od 表示不进行任何优化,这个选项主要用在调试代码的正确性中,另外也可以用于选择只进行某些优化,下面例子中表示只选择进行全局优化和内联优化:

```
icl /Od /Og /Ob1 myprog.c
```

大多数应用都希望执行得更快,因此/O2 是这些应用建议采用的优化级别,其目的是开启那些提供更快的执行速度的优化功能,包括内联、常数传播、copy 传播、不用的函数和变量移除、不用代码移除、全局寄存器分配、强度降低、peephole 优化、循环展开等。

有些应用除了要求更快的执行速度之外,同时对于代码的大小也有要求,这时可以采用/O1,/O1 包含了大部分/O2 中为速度而优化的选项,不过为了避免代码量的增加,关闭那些可能会导致代码大小增加较大的选项。比如循环展开、intrinsic 内联等。

/O3 选项除了包含那些/O2 中采用的优化之外,还包含一些对于循环和内存访问的进一步相对比较激进的优化,比如循环展开、复制代码来消除分支、更有效利用缓存而通过填充使得数组占用的空间为 2 的幂等。由于采用那些比较激进的优化,有的时候其性能可能会比/O2 选项的性能要差,因此需要通过比较来确定到底选择哪个选项。

从上面有关/O1、/O2、/O3 的描述可以看出,/O1 在兼顾速度的同时不希望代码大小太大,因此适合于代码量比较大、主要的执行时间不是在循环体中的应用,比如那些比较大的服务方或者数据库应用。/O2 主要是使得执行速度更快,满足大部分应用的要求,而/O3 引入了一些针对循环和内存访问的比较激进的优化,因此适合于那些执行时间集中在循环体中而且循环体中使用大量的浮点计算或者要处理大量数据的应用。

4.2.3 输出控制

如果不特别指定，编译器会试图把源程序编译成目标代码，然后连接成执行文件。生成的执行文件名可以通过源文件来导出，比如 icl. prog. c 命令生成的执行文件名为 prog. exe。编译器选项/Fe 可以用来指定生成的执行文件的名字，比如 icl – Femyprog. exe prog. c 生成的执行文件名为 myprog. exe。有时我们可能不一定每次编译都要从源文件开始最后连接生成执行代码，这在有多个源文件时经常会碰到。我们可以通过/c 和/S 选项来告诉编译器不需要生成最后的执行代码，而是只要把源代码编译生成目标代码或者汇编代码就可以了。有时我们可能会要求生成执行代码或者目标代码，但是同时为了调试和优化的方便，希望也能够查看在这个过程中生成的汇编代码，这时可以通过/FA 选项来完成。/FAc 表示除了汇编代码外还包含对应的机器代码，而/FAs 则表示除了汇编代码外还包含对应的源程序，而/FAcs 则表示除了汇编代码外还包含对应的机器代码和源程序。比如下面的示例中，编译 test. c 生成目标代码(.obj)，同时生成一个包含了源文件的汇编代码 test. asm：

icl /c /FAs test. c

在编译过程中，可能会出现编译错误和警告等信息，缺省选项为/W2，表示显示编译过程中的警告、差错和其他信息，你也可以通过/W0 或者/w 来把所有警告信息的显示关闭，也可以通过/W1 要求只显示警告和差错信息。

4.2.4 处理器相关的选项

计算机硬件的发展非常迅速，使用的处理器可能会包含从早期的 Pentium 3、Pentium 4 到现在的 Core 2 Duo 处理器，这些处理器有不同的特性，采用的体系结构可能不同，支持不同的单指令多数据流 SIMD 扩展(包括 SSE、SSE2、SSE3、SSSE3 和 SSE4 等)。为了能够获得更好的性能，可以打开和处理器相关的选项来利用处理器的特定特性，这些选项主要包括/Qx[TPONK]和/Qax[TPONK]，其中/Qx 选项指出生成针对特定处理器的代码，如果包含多个/Qx 选项，最后针对的特定处理器是从这些选项中选择一个性能最好的处理器。由于只生成针对某个特定处理器的代码，这样那些比该处理器老的机器就由于兼容而可能无法执行，即生成的代码对于硬件有一个最低的要求。

如果希望能够针对某几个处理器进行优化，同时也希望代码在其他处理器上也能够运行，这时可以采用/Qax 选项。/Qax 选项和/Qx 选项不同，除了生成针对特定处理器优化的代码外，还会包含一个可以运行在其他处理器上的一个相对较慢但是通用的代码。如果有多个/Qax选项，则会分别针对这些处理器生成对应的优化代码。当代码在某个机器上执行时，会检测该机器所采用的处理器，然后跳转到针对该处理器优化的代码执行，或者在找不到匹配的情况下执行那些通用的代码。采用/Qax的好处是生成的代码不仅可以在特别优化的处理器上运行，而且也可以在别的处理器上运行，兼容性比较好。但是，由于要为每个特别优化的处理器生成代码，并且还要生成一个运行时检测代码来决定执行哪个优化的分支，显然代码量会略有增加，而且由于要判断当前是哪个处理器，执行时间也会受到一些影响。/Qx则只对某个处理器优化，代码量和执行时间会好一些，但是有最低的硬件限制，兼容性不是太好。这两种选项各有优缺点，需要根据运行的硬件环境的实际情况来选择是采用/Qax还是/Qx选项。

/Qx＜processor＞和/Qax＜processor＞选项中的processor取值为S、T、P、O、N、K。S是为将来的Intel处理器而设计的，支持SSE4扩展和媒体加速指令；T是为Intel ® Core™2 Duo处理器家族设计的，可以支持SSSE3、SSE3、SSE2和SSE指令；P是为基于Intel ® Mobile和NetBurst 微架构的处理器而设计的，包括Core Duo 处理器、支持SSE3 的Pentium 4 和Xeon 处理器等，可以生成SSE3、SSE2和SSE 指令；O和P 有些类似，也支持Mobile和NetBurst 体系结构，不过其考虑到可以运行在其他公司生产的支持SSE3指令集的处理器之上，因此P中的有些优化可能不支持；N是为那些支持SSE2的Pentium 4和Xeon处理器而设计的；K则为比较早地支持SSE指令集的Pentium III和Xeon处理器而设计的。

Intel编译器对于特定处理器所作的优化主要包括：通过指令选取和调度以使得最终的指令顺序能够在速度和延迟上表现出色；通过利用单指令多数据SIMD指令集进行自动矢量化；通过一些循环优化来提高内存访问的延迟性能。Intel编译器还支持流式存储优化，通过流式存储使得原来要首先写到缓存再写到内存中的数据直接写到内存中，减少了内存写的延迟，同时也减少了缓存污染，原来要被占用的缓存可以空出来给别的数据使用。

考虑下面一个小程序test_Qax. c：

```
int array_sum(int *array, int len)
{
    int i;
    int sum=0;
    for (i = 0; i< len; i++)
        sum += *array++;
    return (sum);
```

}

采用下列命令进行编译：

```
icl /O2 /QaxT /S test_Qax.c
test_Qax.c(5)：(col. 2) remark：LOOP WAS VECTORIZED.
test_Qax.c(2)：(col. 1) remark：_array_sum has been targeted for automatic
cpu d ispatch.
```

编译器报告对于循环采用了自动矢量化来利用SIMD指令集，同时加入了为特定处理器优化的代码。

下面来看看采用上面选项编译后的汇编文件test_Qax.asm。首先是运行时检查，判断当前的CPU是什么，然后分别调用优化版本_array_sum$J和通用版本：_array_sum$A：

```
_array_sum      PROC NEAR
$B1$2:                                  ; Preds  $B1$1
L1:                                                              ;2.1
        test    DWORD PTR ___intel_cpu_indicator, -512           ;2.1
        jne     _array_sum$J                                     ;2.1
        test    DWORD PTR ___intel_cpu_indicator, -1             ;2.1
        jne     _array_sum$A                                     ;2.1
        call    ___intel_cpu_indicator_init                      ;2.1
        jmp     L1                      ; Prob  100%             ;2.1
```

注意到上面的代码中的最后字段为“;2.1”，这具有什么特殊的意义呢？为了方便程序员对汇编代码和源程序的交叉定位，Intel编译器在每一行汇编指令后面都表明了其在源程序所对应的行号和列号，以上面的代码为例，这段代码表示对应着源程序中的第2行第1列。

```
$B2$9:                                  ; Preds  $B2$8
        mov     edx, DWORD PTR [esp+20]                          ;
                                        ; LOE edx ecx ebx ebp esi edi
$B2$10:                                 ; Preds  $B2$9  $B2$20
        movd    xmm0, esi                                        ;5.2
                                        ; LOE edx ecx ebx ebp edi xmm0
$B2$11:                                 ; Preds  $B2$11  $B2$10
        paddd   xmm0, XMMWORD PTR [edx+edi*4]                    ;6.3
        add     edi, 4                                           ;5.2
```

```
        cmp        edi, ecx                                 ;5.2
        jb         $B2$11          ; Prob 99%               ;5.2
                                   ; LOE edx ecx ebx ebp edi xmm0
```

上面的代码给出了进行自动矢量化后的代码，可以看到其采用了 SIMD 指令 padddd。当然，这个过程进行了循环展开，原来要四次循环的加法现在只需要一次循环就可以了。由于长度 len 可能不一定正好是 4 的倍数，因此在最后可能需要通过填充来利用 SIMD 指令，关于 SIMD 指令的介绍我们会在第 6 章中作进一步的详细介绍。

下面这段代码来自 array_sum 函数的通用实现部分，可以看到其是通过普通的加法指令来实现的：

```
$B3$3:                             ; Preds $B3$3 $B3$2
        add        eax, DWORD PTR [ecx]                     ;6.3
        add        ecx, 4                                   ;6.11
        inc        edx                                      ;5.22
        cmp        edx, esi                                 ;5.17
        jl         $B3$3           ; Prob 82%               ;5.17
```

4.2.5 过程间优化

编译器在源代码一级对于代码的优化一般可以分为四类：

(1) 局部(Local)优化。优化局限于代码或者控制块内。

(2) 全局(Global)优化。优化局限于函数或者过程体内。

(3) 过程间优化。考虑到不同函数之间的关系来进行优化。

(4) 完整程序优化。把所有连接成执行文件的这些函数之间的关系考虑在一起来进行优化。

Intel 编译器进一步把过程间优化分为在单一源程序内的函数之间的优化和不同源程序的函数之间的优化。其实，完整程序优化(Whole Program Optimization)也可以算过程间优化，一般是在连接阶段进行的，不过，由于在这时知道执行程序要调用的所有函数，可以进行一些更进一步的优化，比如，可以把那些没有用到的函数和变量的代码删除掉，可以作更进一步的 alias 分析等。

如图 4.5 所示，过程间优化 IPO 实际上包括两个阶段：编译和连接。在编译阶段，IPO 会创建一个信息文件，该文件包含了源文件中表示 IR(Intermediate Representation)以及优化的汇总信息。在连接阶段，IPO 通过汇总所有在第一阶段创建的信息文件中包含的所有函数来分析，以进行相应的优化，也就是说，只有那些也是采用 IPO 编译的函数才会用来进行 IPO 第二阶段的优化，其他函数直接传递给连接器作进一步的优化。

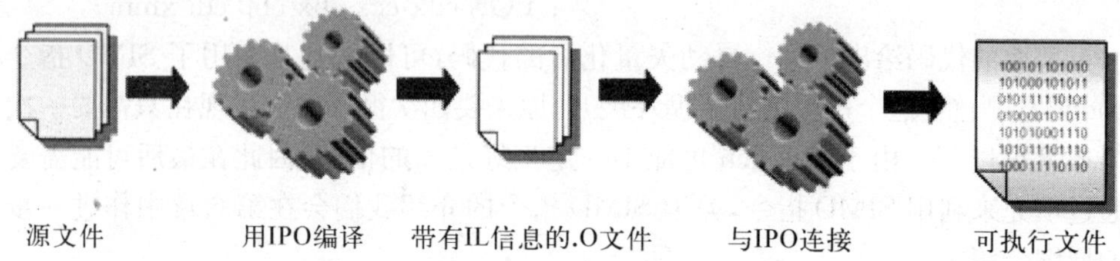

图 4.5 过程间优化

过程间优化的一个最主要的优化就是内联函数展开，编译器一般在发现一个函数经常使用或者函数比较小的时候，把原来的函数调用直接用对应的函数体来代替，这样减少了函数调用的开销，同时也减少了分支的个数。通过过程间优化，还可以把那些经常要访问的数据或者使用函数放在一起，进行数据布局优化，从而提高缓存的使用效率。过程间优化还可以通过对内存应用的分析，允许通过寄存器来保存数据，从而减少内存读写带来的开销。过程间优化能够帮助对内存 alias 的分析，从而有助于进行自动矢量化和循环变换等优化。除此之外，过程间优化还支持常数传播、公共块分割等。

在 Intel 编译器中，选项/Qip 表示要开启单一源文件内的过程间优化，而/Qipo 则表示打开多个文件内的过程间优化，比如下面两段代码：

```
// test_ipo.c
int update1(int i)   {
    return (i+1);
}


int main()
{
    int i = rand();
    int j = rand();
    int result;
    result = update1(i) + j ;
    result += update2(i);
    result += update45(i);
```

```
        update3(i);
        printf("result = %d",result);
}

// test_ipo2.c
int update2(int i)  {
        return (i+2);
}

int update3(int i) {

        int j;
        for (j =0; j < 100; j++)
            i+=j;
        return i;
}

int update45(int i) {
        int result = update5(i);
        return (result +4);
}

static int update5(int i) {
        return (i+5);
}
```

如果采用下面命令进行编译：

icl /O2 /Qip test_ipo.c test_ipo2.c

/Qip 表示只是进行单个文件的过程间优化。因此，由于 main 和 update1 在同一个文件中，main 对于 update1 的调用会进行内联扩展，代之以 update1 的函数体的代码。而在 test_ipo2.c 中，update45 函数中要调用的 update5 在同一个文件中，因此 update5 会被展开。同时，由于 update5 声明为 static 函数，而且仅仅在 update45 中调用并被内联，因此 update5 为不会使用的函数，该函数对应的代码可以移除。

如果采用下面命令进行编译：

icl /O2 /Qipo test_ipo. c test_ipo2. c

/Qipo 表示对于多个文件的过程间优化。除了和上面/Qip 选项中对于 update1 和 update45 的内联之外，现在 main 还会调用 update2 和 update3，虽然 update2 和 update3 在 test_ipo2. c 中定义，但由于采用多个文件的过程间优化，这两个函数也会被内联展开。注意，由于 update1、update2、update3 都被内联，而且再没有被其他函数调用，因此，最后连接时这些函数的代码也会被当做不会用的代码被移除。

上面的例子都是让编译器自动完成从编译到连接的自动过程间优化，你也可以通过选项/Qipo—c 和/Qipo—s 告诉编译器只完成第一步编译部分的优化，连接阶段的过程间优化放在后面进行。/Qipo—c 表示进行多个文件的第一步的过程间优化，生成相应的包含了中间表示的 obj 文件，同时还生成一个进行过程间优化后的 obj 文件(ipo_out. obj)供连接阶段使用。注意：ipo_out. obj 是一个真正的 object 文件，并没有包含任何的中间表示 IR，可以直接用于连接阶段。/Qipo—s 同样也是进行编译阶段的过程间优化，但是除了生成包含了中间表示的 obj 文件供连接阶段使用外，还生成一个汇编文件(ipo_out. asm)。有人也许会问/Qipo—c 和采用选项/Qipo /c 有什么不同。这两者都会生成包含了中间表示的 obj 文件，不过是前者还生成了一个 ipo_out. obj 文件，这在有些文件或者模块中不采用过程间优化，而其他程序采用过程间优化可以发挥作用，通过/Qipo—c 选项把那些需要进行过程间优化的文件编译生成一个 ipo_out. obj，然后在连接阶段把 ipo_out. obj 与其他不支持过程间优化的文件连接在一起进行优化。

icl /O2 /Qipo－c test_ipo. c test_ipo2. c

icl /O2 /Qipo /Fetest_ipo. exe test_ipo. obj test_ipo2. obj

或者

icl /O2 /Qipo /c test_ipo. c test_ipo2. c

icl /O2 /Qipo /Fetest_ipo. exe test_ipo. obj test_ipo2. obj

或者

icl /O2 /Qipo－c test_ipo. c test_ipo2. c

icl /O2 /Fetest_ipo. exe ipo_out. obj

在对于比较大的程序进行过程间优化时，由于要对于函数之间的调用、内存的访问等进行分析，可能会需要比较长的时间，同时编译阶段生成的 obj 文件会包含中间表示 IR，最后生成的 obj 文件可能会非常庞大。为了在程序比较大时减少过程间优化的开销，Intel 编译器引入了/Qipo 中允许后面跟一个数字“n”(如果只有/Qipo 时，相当于 n＝0)，该数字给出了编译阶段生成的 obj 文件的个数，当 n＝0

时，表示由编译器决定。

前面说过，过程间优化有助于内存别名和数据依赖的分析。由于编译器的首要目的是保证程序的正确运行，因此在进行优化时会采取比较保守的策略，在无法确保某些优化的前提条件是否满足时会选择不进行这个优化。考虑下面的代码：

```
// test_ipo_alias2.c
void func(int *a, int *b)
{
    int i;
    for (i = 0; i < array_len(); i++)
        a[i] = b[i];
}
// test_ipo_alias.c
int a[MAX],b[MAX];

int main()
{   int i;
    for (i=0; i< MAX; i++)
        b[i] = rand();
    func(a,b);
    printf("a[5]=%d",a[5]);
}

int array_len() {
    return (MAX);
}
```

如果没有 IPO 的帮助，编译器不知道 array_len 是如何实现的，不知道是返回一个固定的值还是每次调用都可能返回一个不同的取值，因此无法对于 func 进行优化：

```
icl /O2 /QxT /Ob0  test_ipo_alias.c test_ipo_alias2.c
```

但是，如果用下面命令进行编译，其中/Ob0 不进行内联扩展：

```
icl /O2 /Ob0  /QxT /Qipo test_ipo_alias.c test_ipo_alias2.c
```

从下面的输出可以看到通过 func 进行了自动矢量化，这是因为通过 IPO 的帮助，知道 func 中循环体调用的 array_len 每次都返回一个固定的取值 MAX，因而不会出现其他额外效应。

```
test_ipo_alias. c
test_ipo_alias2. c
ipo: remark #11000: performing multi-file optimizations
ipo: remark #11005: generating object file ipo_3148. obj
test_ipo_alias2. c(7): (col. 18) remark: LOOP WAS VECTORIZED.
-out: test_ipo_alias. exe
```

关于自动矢量化和SIMD,我们会在后面的章节中进行详细描述。

4.2.6 编译器优化报告

Intel编译器可以提供相关的优化报告,这样程序员能够知道到底进行了哪些优化,或者了解到是因为什么原因有些优化无法进行,这样就可以通过修改代码或者通过编译器选项等使得该优化的条件得到满足,从而产生高质量的优化代码。

为了生成优化报告,Intel编译器提供了/Qopt-report选项,编译器支持的优化非常多,这样最后的优化报告可能会比较长,而程序员在进行优化时一般会根据应用和代码的情况对某些优化特别关注,这时可以通过/Qopt-report-phase告诉编译器不需要输出所有的优化报告,而只要告诉某个阶段的优化报告就可以了。更进一步,你还可以指定优化报告的详细程度。目前Intel编译器支持三种程度,分别是最小、中等、最大,这是通过/Qopt-report[n]来说明的。如果不指定数字n,则相当于n=2,即详细程度为中等的优化报告输出,n=0表示不输出优化报告。/Qopt-report-routine <name>用于告诉编译器只输出那些函数名中包含<name>的函数的优化报告,这在我们通过Vtune找到程序的热点函数之后再进一步试图对该函数进行优化时非常有用。一般优化报告是输出到标准错误输出stderr中,有的时候可能希望能够把优化报告保存在某个文件,以便打印或者进一步地阅读来找到优化的情况,这时可以通过/Qopt-report-file<file>来指定优化报告保存在文件file中。

/Qopt-report-help可以用来显示Intel编译器支持的优化报告阶段,这些阶段主要包括:

(1) pgo: Profile导向的优化。

(2) ipo: 过程间优化。进一步又可以分为ipo_inl(过程间优化阶段的内联展开优化报告)、ipo_cp(常数传播)等。

(3) ilo: 中间语言优化。进一步又可以分为ilo_strength_reduction(强度减少)、ilo_copy_propagation(拷贝传播)等。

(4) hpo: 高性能优化。进一步又可以分为hpo_openmp、hpo_vectorization、

hpo_threadization 等。

(5) hlo：高级优化。进一步又可以分为 hlo_unroll(循环展开)、hlo_fusion(循环合并)等。

我们用上一小节的最后一个例子来说明如何使用优化报告，采用下列命令可生成有关高性能优化阶段(这里我们主要关心自动矢量化)的优化报告，详细程度为中等，优化报告保存在 log. txt 中：

icl/O2 /Qipo/QxT/Ob0 /Qopt－report2 /Qopt－report－phasehpo

/Qopt－report－filelog. txt test_ipo_alias. c test_ipo_alias2. c

log. txt 的优化报告如下，main 中的循环由于出现数据依赖没有自动矢量化，而 func 则被自动矢量化：

<test_ipo_alias. c；－1：－1；hpo_vectorization；_main；0>

HPO Vectorizer Report (_main)

test_ipo_alias. c(9：2－9：2)：VEC：_main： loop was not vectorized：existence of vector dependence

<test_ipo_alias2. c；－1：－1；hpo_vectorization；_func；0>

HPO Vectorizer Report (_func)

test_ipo_alias2. c(8：18－8：18)：VEC：_func： LOOP WAS VECTORIZED

4.2.7 profile 导向的优化 PGO

测试 Intel 编译器的另外一个强大的优化支持是 profile 导向的优化(Profile-guided optimization)，它的基本思想是在编译生成执行文件时插入 PGO 代码，这样，在执行该文件时插入的 PGO 代码就可以收集有关变量、函数的使用情况等信息，最后再利用这些收集到的信息进行重新编译。这个时候由于知道了哪些函数或者哪些分支是程序的热点和冷点，因此可以针对其作相应的优化，比如，通过把经常使用的函数的代码放在一起可以增加指令缓存的利用率，可以根据函数执行的情况来控制内联展开以及减少分支错误预测等，从而可以大大提高应用的性能。

要使用 PGO 优化，需要三个阶段：

(1) 第一个阶段是通过选项/prof-gen 插入收集 profile 信息的 PGO 代码。

(2) 第二个阶段是运行第一阶段生成的执行程序，在执行过程中收集到的信息会存放到后缀为.dyn 的文件中。为了更有效地提高应用的性能，这个阶段应该利用在应用投入使用之后经常使用的输入来执行该程序，即通过基准来测试，这样收集到的信息是非常具有代表性的。多次执行程序，每次都会生成一个后缀为.dyn 的动态信息文件。

(3) 第三个阶段是最终的编译阶段。利用选项/Qprof-use 再次编译程序时，第二个阶段多次运行后生成的动态信息文件会合并成一个汇总文件，然后通过分析汇总文件中包含的 profile 信息，编译器可以针对那些经常使用的程序分支路径进行特别的优化。

由于第二个阶段每次执行程序都会生成一个动态信息文件，多次执行后会产生很多动态信息文件，从而使得执行文件所在的目录充斥着这些.dyn 文件，这个时候可以使用选项/Qprof-dir<dir>来告诉编译器把以后运行时生成的信息文件保存到 dir 指出的目录而不是执行文件所在的目录。

我们用一个例子来说明如何使用 profile 导向的优化，首先用下列命令进行第一阶段的编译：

```
mkdir profile


icl /O2 /Qprof-gen /Qprof-dirprofile test_pgo. c
```

你也可以先利用/S 选项生成汇编文件来查看第一阶段的编译器插入的 PGO 指令和代码：

```
icl /O2 /Qprof-gen /Qprof-dirprofile/S test_pgo. c

$B1$1:                          ; Preds   $B1$0
        push    0                                               ;50.2
        push    OFFSET FLAT: __pgopti_2inst_string$0            ;50.2
        push    OFFSET FLAT: __pgo_segment_2pack$0              ;50.2
        call    __PGOPTI_Prof_Begin                             ;50.2
$B1$2:                          ; Preds   $B1$1
        add     DWORD PTR __pgo_segment_2pack$0+52, 1           ;50.2
        adc     DWORD PTR __pgo_segment_2pack$0+56, 0           ;50.2
        push    OFFSET FLAT: _2__STRING$0                       ;51.11
```

在第一阶段的编译生成执行文件之后，运行该执行文件：

```
test_pgo 1 2
test_pgo 1 2 3
…
```

每次运行我们都可以在 profile 所在的目录找到一个后缀为.dyn 的动态信息文件，比如 46b7cbfd_03016.dyn。最后完成 PGO 的第三个阶段，利用收集的信息反馈重新编译，在这个过程中编译器会首先调用 profmerge，把第二个阶段生成的.dyn 文件合并成一个汇总文件 pgopti.dpi，然后利用汇总文件中的信息进行优化，生成一个新的执行文件，这个新的执行文件不再包含 PGO 的代码。如果你改变了源代码，或者发现经常使用的输入数据集有了比较大的变化，可以再使用/Qprof-gen 来重新进行 profile 导向的优化。大多数情况下，你会选择在第一阶段编译时通过/O2 来进行一般的优化，然后在第三个阶段包含一些更高级的优化选项，特别是用/Qipo 来进行编译。IPO 和 PGO 会互相影响，通过使用 PGO 编译器在进行函数内联时可以作出更好的决定。

```
icl /O3 /Qipo /Qprof-use  /Qprof-dirprofile test_pgo.c
C:\PROGRA~1\Intel\Compiler\C__~1\100~1.025\Ia32\Bin\profmerge: looking at dynami c file: profile\46b7dc4b_03428.dyn
C:\PROGRA~1\Intel\Compiler\C__~1\100~1.025\Ia32\Bin\profmerge: looking at dynamic file: profile\46b7dc4e_02420.dyn
...
test_pgo.c: warning #11503: Total routines 5, routines w/o profile info: 1
```

为了看看 PGO 优化的作用，可以查看相应的优化报告：

```
icl/O3/Qipo/Qprof-use/Qprof-dirprofile/Qopt-report-phasepgo test_pgo.c

<test_pgo.c;-1:-1;PGO;_main;0>
  DYN-VAL:   test_pgo.c   _main
...
<test_pgo.c;-1:-1;PGO;_one_arg;0>
  NO-DYN:    test_pgo.c   _one_arg
...
<;-1:-1;PGO;;0>
    4 FUNCTIONS HAD VALID DYNAMIC PROFILES
    1 FUNCTIONS HAD NO DYNAMIC PROFILES
  IPO CURRENT   QUALITY METRIC:   90.0%
  IPO POSSIBLE QUALITY METRIC:   90.0%
  IPO QUALITY   METRIC RATIO:    100.0%
```

同时，你也可以通过调用 profmerge 命令来合并动态信息文件.dyn 成汇总文件.dpi。当然，你也可以通过该命令把多个汇总文件进一步合并，同时，你也可以通过 dump 选项来查看收集到的 profile 信息：

profmerge －prof_dir profile - dump

通过第二阶段收集到的 profile 信息，PGO 可以进行寄存器分配优化，减少内存读写的开销；同时把那些经常访问的"热点"代码放在一起，而把那些很好使用的"冷点"代码放在最后，这样就大大提高了指令缓存的利用率。同样地，PGO 也可以把那些经常使用的变量放在一起，提高数据缓存的利用率。由于知道各个部分的使用频率，有助于提高分支预测的成功率，根据函数使用的频率，PGO 在进行内联扩展时不是仅仅根据代码段的大小，同时还考虑到实际使用的情况。比如一个函数 a 要被两个函数 b、c 调用，通过分析，profile 知道在函数体 b 中的 a 经常被调用，这样在 b 可以选择把被调用的函数 a 内联展开，而在函数体中的 c 很少会用到，这时就不需要把 b 内联展开，这样的内联又被称为部分内联(partial inling)，可以在执行速度和代码大小方面作一个很好的平衡。与部分内联类似，如果发现一个可以自动矢量化的循环体的循环次数在大部分情况下只执行很少的次数，这时可以选择不进行矢量化，这样可以减少自动矢量化代码带来的开销。

如果一个大的应用包含许多的函数调用或者程序分支，在编译时可能无法预测哪些分支经常被执行，但是在实际运行时通过提供稳定的输入数据，每次执行的行为也基本类似，这样可以通过收集 profile 来了解到其中有些分支被经常使用，这个时候 profile 导向的优化能够大大提升应用的性能。如果每次执行，应用所执行的分支路径都大不相同，具有很大的随机性，则 PGO 优化带来的性能提升可能并不是那么显著。

前面介绍的 profile 信息的收集都是通过插入相应的 PGO 代码来进行的，你也可以通过 CPU 的性能监测单元 FPU 硬件来收集动态信息。而要利用 FPU 来收集信息，在 PGO 的第一个阶段需要把原来的/Qprof-gen 选项代替以/Qprof-gen-sampling：

icl/O2 /Qprof－gen－sampling /Qprof－dirprofile test_pgo. c

然后调用 profrun 来收集相关的数据，你可以通过指定 dcache、icache 和 branch 选项来收集有关数据缓存、指令缓存和分支预测方面的采样数据，同时你也可以通过 event 选项来选择其他感兴趣的事件。

profrun －dcache test_pgo. exe

最后和前面介绍的类似，在收集好 profile 信息之后，第三个阶段使用/Qprof-use 选项重新编译。

```
icl/O3/Qipo/Qprof-use  test_pgo.c
```

一般在执行第二个阶段程序时，当系统函数 exit()被调用，就把这次执行过程中收集到的 profile 信息保存到一个.dyn 文件中。但是，如果程序非正常退出或者不调用 exit 退出时，就无法收集到这些 profile。有的时候可能还会希望更进一步控制 profile 的收集，比如，不是一次执行只生成一个.dyn 文件，而是希望生成多个.dyn 文件。Intel 编译器提供了相应的 API 接口来对 profile 信息的收集进行控制。

PGO API 接口非常简单，注意它没有办法控制收集哪些 profile 信息，而只是控制什么时候把收集到的 profile 信息输出到.dyn 文件。因此，使用 PGO API 仍然要求在第一个阶段使用/Qprof-gen 选项进行编译。所有的 PGO API 函数在头文件 pgouser.h 中声明，主要包含下列函数：

```
void _PGOPTI_Prof_Dump_All(void);
void _PGOPTI_Prof_Reset(void);
void _PGOPTI_Prof_Dump_And_Reset(void);
void _PGOPTI_Set_Interval_Prof_Dump(int interval);
```

第一个函数用于把当前收集的 profile 计数器的内容输出到.dyn 文件，而第二个函数则要求把 profile 计数器的取值重置回复到初始状态，第三个函数相当于把第一个和第二个函数结合在一起，首先生成.dyn 文件，然后重置计数器。最后一个函数是每隔一段时间把收集到的 profile 信息输出到.dyn 文件，并且重置计数器的取值。interval 给出了以毫秒为单位的间隔时间，比如 interval 取值 6 000，表示每隔 6 s 生成一个.dyn 文件。

下面的代码片断给出了如何使用 PGO API：

```
#include <pgouser.h>
while (flag) {
    _PGOPTI_Prof_Reset();
    Dothings();
    _PGOPTI_Prof_Dump_All();
}
```

下面的代码片断给出了如何使用 PGOPTI_Set_Interval_Prof_Dump，每隔 6 s 自动生成一个动态信息文件.dyn：

```
#include <pgouser.h>
PGOPTI_Set_Interval_Prof_Dump(6000);
while (flag) {
```

```
    Dothings();
}
```

4.2.8 浮点数

浮点运算在科学计算中占有很重要的地位,因此浮点运算的优化对于性能的提升非常有帮助。内存中存储浮点类型的值有三种格式,分别是单精度(32 bit)的浮点数、双精度(64 bit)double 和双精度扩展(80 bit)extended 或者 long double。我们知道浮点类型的数由两个部分组成:一个是整数部分,另外一个是小数点后面的取值。单精度的浮点数的小数部分占用 24 bit,双精度 double 的小数部分占用 53 bit,而双精度扩展 extended 的小数部分则占用 64 bit。

Intel 处理器的浮点计算都是只针对某种浮点类型,两个不同类型的浮点计算需要首先转换成相同的类型,在进行浮点计算的编程时,应该尽量采用同一种浮点类型,而且精度越低,浮点计算的速度也越快,因此,如果不是有特殊的精度要求,应该把浮点变量声明为 float。

值得注意的是,从精确的角度来说,原来整数运算的结合律、交换律等可能都不再适用。考虑:

```
float t0, t1, t2;
t0 = 4.0f + 1.0f + t1 + t2;
```

如果 t0、t1 和 t2 都是整数,则首先可以进行常数传播优化,把 4+1 代之以 5,另外,5+t1+t2 可以解析为(t1+5)+t2,(t1+t2)+5,(t2+5)+t1 等。正是由于整数运算的交换律和结合律,使得公共子表达式、循环不变量等优化可以发挥作用。但现在要求浮点运算的精度的精确,则这些优化都无法进行。显然,那些对于精度要求不是特别严格的应用可以允许表达式的顺序进行交换,从而可以进行类似于整数运算的优化策略,使得计算的速度更快。Intel 编译器的/fp:keyword 选项允许用户根据应用的具体要求,选择合适的浮点运算模式,在性能、精度、结果的一致性等上作一个平衡。/fp:precise 告诉编译器要保证最后计算的值的精度,浮点数常量运算不在编译时就计算,严格按照表达式本来的顺序进行计算,同时,浮点表达式的中间结果的表示也保证精度不会丢失,在 IA-32 体系结构中采用双精度类型来表示。/fp:fast[=1|2]告诉编译器在进行浮点运算时优先考虑到性能的因素,也就是说允许采用一些比较激进的优化策略,比如允许改变表达式的计算顺序、常量传播优化等,表达式的中间结果可以根据性能方面的考虑采用单精度、双精度、双精度扩展中的任何一种类型。Intel 编译器使用/O2 选项时浮点运算的缺省选项为/fp:fast=1,fast 取值 2,告诉编译器做一些更加高级的优化。/fp:

source 选项告诉编译器在进行浮点运算时不改变原来的计算顺序，但可以把可以合并的那些浮点常数运算在编译时就计算出来，另外计算的中间结果采用源代码中采用的浮点类型。除了上面三种模式之外，还有 strict、double、extended 模式，具体的优化可以参考 Intel 编译器的用户手册。

每个应用在进行浮点运算时的目标各不相同，如果希望结果与正确的结果接近，也就是追求精度，则可以采用/fp：precise 选项。如果考虑到性能的因素，即执行速度更快，则可以采用/fp：fast 选项。如果希望计算的结果在不同的机器、不同的操作系统、不同的编译器环境下都保持一致，也就是考虑到结果的一致和移植，可以采用/fp：source 选项。考虑下面代码，由于精度的因素，calc_1 和 calc_2 的计算结果可能会不相同，但如果采用/fp：fast 选项进行编译，编译器可能会进行循环分割优化，把 calc_1 转换为 calc_2，这样导致两个函数的计算结果相同，而采用/fp：source 就可以关闭某些优化以保证计算结果的一致性。

```
void calc_1(float *a, float *b, float *x, float *y, float *z, int n){
    int i;
    for(i = 0; i < n; i++){
        a[i] = 0.05 * fabs(x[i] + y[i] + z[i]);
        b[i] = a[i];
    }
}

void calc_2(float *a, float *b, float *x, float *y, float *z, int n){
    int i;
    for(i = 0; i < n; i++)
        a[i] = 0.05 * fabs(x[i] + y[i] + z[i]);
    for(i = 0; i < n; i++)
        b[i] = a[i];
}
```

当浮点数值变得非常小，而标准的归一化浮点格式无法表示这个数时，这个数就称为微小数。如果直接把这个微小数用 0 来代替，显然在精度方面就会牺牲不少，因此，Intel 的处理器或者 FPU 支持微小数的表示和运算，不过需要比较长的时间，可能需要上百个时钟周期。要处理微小数带来的性能下降可以有三种方法：一种方法是修改代码，在原来的表达式上添加一个放大因子，使得计算出来的结果可以用标准的归一化浮点格式表示；另外一种方法使用一个精度更高的浮点类型；最后一种方法就是牺牲精度，把微小数用0来代替。Intel 编译器提供的选项/Qftz 就是告诉编译器遇到微小数时采用最后一种方法来处理，当然，带来的结果就是会丢失精度。

程序员也可以通过手工修改代码来提高浮点运算的性能。前面讲过，浮点表示的精度限制，有的时候编译器可能会选择不进行某些优化，比如抽取公共子表达式，这样用户就可以改变浮点运算执行的顺序，比如下面的代码：

```
double a, b, c, d, e, f;
e = b * c / d;
f = b / d * a;
```

可以通过引入一个临时变量来抽取公共子表达式，代码改变为：

```
double a, b, c, d, e, f, t;
t = b / d;
e = c * t;
f = a * t;
```

另外，在浮点运算中，除法的开销要比乘法大很多，因此，如果有可能，可以考虑把浮点除法以乘法运算来代替，考虑下列代码：

```
double a, b, c, e, f;
e = a / c;
f = b / c;
```

引入一个临时变量保存 1/c，代码改变为：

```
double a, b, c, e, f, t;
t = 1 / c;
e = a * t;
f = b * t;
```

4.3 Intel 编译器支持的语言扩展

前面介绍的都是利用编译器的优化选项开关来进行性能的优化，一般这些优化选项是针对所有代码或者针对某个源文件的所有函数。有时我们可能只希望只对某个热点函数或者热点的代码块进行优化，此时就可以使用 Intel 编译器提供的语言扩展功能。关键字 pragma 是属于 C 语言中的关键字，但是具体的 pragma 的含义与作用是由具体的编译器来解释的，因此，值得注意的是采用 pragma 进行优化可能会影响应用的移植性。要使用 pragma，只要在源代码中的相应位置增加一行：

```
#pragma <pragma name>
```

表 4.2 列出了一些常用的 pragma。首先要介绍的第一类 pragma 是控制函数是否要进行优化,要进行哪种程度的优化。控制函数是否进行优化,可以通过 optimize 来说明,# pragma optimize("",on|off)用于打开和关闭优化支持。#pragma optimization_level n 用于控制采用的优化级别,n 取值为 0~3,分别对应着自动化编译选项中的/Od、/O1、/O2、/O3。考虑下面代码,func1 不进行优化,而 func2 要进行/O1 级别的优化,func3 进行/O2 级别的优化:

表 4.2 常用的 pragma

Pragma	描 述
#pragma optimize("",on|off)	打开和关闭优化支持
#pragma optimization_level n	控制采用的优化级别
#pragma loop count min=n,max=n,avg=n #pragma loop count = n #pragma loop count =n1[,n2]…	告诉编译器循环估计的执行次数
#pragma nounroll	告诉编译器不要展开循环
#pragma unroll #pragma unroll(n)	告诉编译器循环展开的次数
#pragma distribute point	控制循环分割
#pragma ivdep	告诉编译器没有数据依赖
#pragma novector	告诉编译器不要把循环自动矢量化
#pragma vector {aligned|unaligned|always}	怎么样自动矢量化,那些影响矢量化选择的因素可以忽略掉
#pragma vector nontemporal	自动矢量化的代码中采用流式存储

```
#pragma optimize("", off)
func1() {
        …
}
#pragma optimize("", on)
#pragma optimization_level 1
func2() {
        …
```

```
}
#pragma optimization_level 2
func3() {
    ...
}
```

循环的优化对于应用的性能至关重要，Intel 编译器也提供了 pragma 来对循环优化进行控制。首先是＃pragma loop_count min=n,max=n,avg=n,用于告诉编译器紧接着的循环估计的最小执行次数、最大执行次数和平均执行次数。显然，这个 pragma 有助于帮助编译器是否要进行循环展开，是否要进行自动矢量化等。其次是对循环展开的控制，＃pragma nounroll 用于告诉编译器不要对紧接着这个 pragma 的循环进行循环展开，而＃pragma unroll(n)用于告诉编译器紧接下来的这个循环可以进行循环展开，循环展开的次数最多为 n 次。如果 n=0，则表示不进行循环展开，而采用＃pragma unroll 表示由编译器决定循环展开的次数。编译器的选项开关中也提供了循环展开的控制（/Qunroll，/Qunroll：n），不过如果循环之前包含＃pragma unroll，则 pragma 优先。下面的代码中，for 循环体会展开四次：

```
void unroll(int a[], int b[])
{
  #pragma unroll(4)
  for (int i = 1; i < 100; i++) {
    b[i] = a[i] + 1;
  }
}
```

另外一个循环控制的 pragma 是＃pragma distribute point，它用于控制循环分割，该 pragma 可以放在循环之前也可以放在循环体中。如果放在循环体之前，表示由编译器用来决定如何对循环进行分割；而放在循环体中，则告诉编译器循环体从 pragma 所在的位置分割为两个循环。考虑下面的代码：

```
int i;
for (i=0; i< NUM; i++) {
  a[i] = a[i] +i;
  b[i] = b[i] +i;
  #pragma distribute point
  x[i] = x[i] +i;
```

```
  y[i] = y[i] +i;
}
```

上面的循环就变成：

```
for (i=0; i< NUM; i++) {
  a[i] = a[i] +i;
  b[i] = b[i] +i;
}
  for (i=0; i< NUM; i++) {
  x[i] = x[i] +i;
  y[i] = y[i] +i;
}
```

如果一个循环有数据依赖或者编译器无法确定是否具有数据依赖，为了安全起见，编译器会选择不进行自动矢量化。为了处理这种情况，Intel 编译器提供了几个 pragma 来控制是否进行自动矢量化。#pragma novector 用于告诉编译器紧接着的循环即便可以自动矢量化也不要进行；#pragma ivdep 用于告诉编译器紧接着的循环没有数据依赖，比如下面的代码片断，因为不知道 k 的取值是否会小于 0，从而可能会出现数据依赖，如果你知道在调用 func 时 k 一定为会大于 0，则可以通过 ivdep 来告诉没有数据依赖，从而可以把该循环自动矢量化。

```
void func(int *a, int k, int c)
{
  int i ;
  #pragma ivdep
  for (i = 0; i < MAX; i++)
    a[i] = a[i + k] * c;
}
```

一个循环没有数据依赖并不代表其一定会被自动矢量化，可能还要考虑到自动矢量化的开销、内存访问是否步长、数据是否对齐等情况，#pragma vector 用于帮助编译器来决定是否对于没有数据依赖的循环进行自动矢量化。其中，#pragma vector always 表示只要可以就进行自动矢量化，而不考虑性能方面的因素。#pragma vector {aligned | unaligned}用于告诉紧接着的循环体对于内存的访问是否是对齐的，如果是对齐的，则在其他条件（没有数据依赖）满足的情况下可以进行矢量化。另外，_assume_aligned(var,n)也可用来告诉变量 var 是 n 比特对齐的。

```
#pragma vector aligned // assume aa and bb are aligned by 16
```

```
//Line above can be replaced as:
//      __assume_aligned(aa,16); __assume_aligned(bb,16);
for (i = 0; i < MAX; i++) {
      aa[i] = bb[i] + 2.0f;
}
```

#pragma vector nontemporal 用于告诉编译器在生成自动矢量化的代码时进行流式存储，即把数据直接写到内存中而不用通过缓存。

```
#pragma vector nontemporal
for (i = 0; i < MAX; i++)
   a[i] = 1;
```

4.4 常用优化方法

4.4.1 简单的优化方法

Intel 编译器在优化时采用了很多优化方法，包括拷贝传递、常数传播、公共子表达式、循环优化等。首先我们看看下面的代码：

```
// test1.c
#define DEBUG 0
int test1 ( )
{
      int i = rand();
      int j = rand();
      int a,b,c;
      a= i;
      b = a+j;
      c = a+b;
      i = 5+ 14 * j + 10;
      if (DEBUG)
            printf("i=%d",i);
      return (c + i);
}
```

icl/O2 /S test1. c

使用/O2 选项进行编译，下面给出生成的汇编代码片断，可以看到在这个过程中编译器进行了四个优化：

(1) 首先是拷贝传递。即把常量或者变量的值直接传播到表达式中，而在这个例子中 $a=i$; $b=a+j$ 被代替以 $b=i+j$。

(2) 其次是常数折叠(constant folding)。$i = 5 + 14 * j + 10$ 被代替以 $i = 14 * j + 15$。

(3) 然后是强度减少(strength reduction)。计算时间比较长的乘法运算以移位和减法运算来代替，例子中 $14 * j$ = j<<4 − j −j。

(4) 最后是无用代码消除。由于 debug 为 0，也就是条件语句下面的 printf 永远不会执行，最后生成的代码里面可以看到没有该条件语句。

```
    call     _rand
    mov      esi, eax                     ;          esi  = i
    call     _rand                                  ;eax  = j
    lea      edx, DWORD PTR [eax+esi]               ; b  = a+j;
    add      esi, edx                               ; c=a+b;
    mov       ecx, eax
    shl       ecx, 4
    sub       ecx, eax
    sub       ecx, eax                              ; 14 * j
    lea      eax, DWORD PTR [esi+ecx+15] ; i=5+14 * j+10, c+i
    pop     esi
    ret
```

接下来我们看看下面的代码：

```
// test2. c
#define MAX 100
int test2(int  * val, int i, int j,int n) {
    int up,down,left,right,sum;
    int k;
    for (i=0; i<MAX; i++) {
        k = 4 * i+10;
        up = val[(k-1) * n + j];
        down = val[(k+1) * n + j];
```

```
        left = val[k * n + j-1];
        right = val[k * n + j+1];
        sum += up + down + left + right;
    }
    return (sum);
}
```

仍然采用/O2 选项编译，下面给出了生成的汇编代码的片断，在这里主要的优化有两个：

(1) 第一个是归纳变量优化(induction variable optimization)。注意到对于变量 k，上次循环和下次循环的值的变化是固定的，每次 k 加 4，这样可以把乘法运算以加法运算来代替，经过优化后，循环变为：

```
for (k=10; k < 410; k+=4) {
    up = …
}
```

(2) 第二个优化是公共子表达式提取。注意到循环体中有四个乘法运算，但是这些乘法运算里面都包含一个公共因子：n * k，这样原来的四次乘法运算现在只需要一次乘法就可以了：

```
mov     edx, DWORD PTR [esp+24]         ;val
xor     eax, eax                        ;
mov     ecx, DWORD PTR [esp+32]         ;j
mov     ebx, DWORD PTR [esp+36]
mov     ebp, DWORD PTR [esp+36]         ;n
lea     ecx, DWORD PTR [edx+ecx * 4]    ;val+4 * j
neg     ebx                             ;
mov     DWORD PTR [esp], ebx            ;-n
mov     edx, 10                         ; k = 10
$B4 $2:                 ; Preds  $B4 $2  $B4 $1
    mov     esi, DWORD PTR [esp]        ;-n
    mov     ebx, ebp
    imul    ebx, edx                    ;k * n
    add     eax, DWORD PTR [ecx+ebx * 4+4]
                                        ;sum + right: val[j+k * n+1]
    add     edx, 4                      ;k = k+ 4
```

```
    lea      edi, DWORD PTR [esi+ebx]      ;k * n-n
    mov       edi, DWORD PTR [ecx+edi * 4]
                                  ;up=val[k * n-n+j]
    lea      esi, DWORD PTR [ebp+ebx]      ;k * n+n
    add       edi, DWORD PTR [ecx+esi * 4]
                                  ;sum + down: val[k * n+n+j]
    add       edi, DWORD PTR [ecx+ebx * 4-4]
                                  ;sum + left: val[k * n+j-1]
    add       eax, edi                     ;sum + up;
    cmp       edx, 410                                ;5.14
    jl        $B4$2        ; Prob  99%                ;5.14
$B4$3:                     ; Preds  $B4$2
    pop       ecx                                     ;13.9
    pop       ebx                                     ;13.9
    pop       ebp                                     ;13.9
    pop       esi                                     ;13.9
    pop       edi                                     ;13.9
    ret                                               ;13.9
```

其实上面的公共子表达式可以更进一步手工优化，如下面代码所示：

```
int knj  = k * n + j;
up = val[knj - n];
down = val[knj + n];
left = val[knj - 1];
right = val[knj + 1];
sum += up + down + left + right;
```

接下来看一个循环不变量优化的例子，它实际上类似于公共子表达式提取，把内循环体中不变的乘法运算 n * i 提到内循环外面：

```
int test3(int *a, int *b, int n) {
    int i,j;
    for (i = 0; i < n; i++)
        for (j = 0; j < n; j++)
            a[n * i + j] = b[j]+2;
    return (0);
```

```
}
```

采用/O2 选项编译后的汇编代码的片断如下：

```
        imul    edi, edx                            ;n * i
        lea     esi, DWORD PTR [esi+edi * 4]        ;a+n * i * 4
$B5 $4:                                             ;
        mov     edi, DWORD PTR [ecx+ebp * 4]        ;
        add     edi, 2                              ;b[j]+2
        mov     DWORD PTR [esi+ebp * 4], edi
                                        ;a[n * i+j] = b[j]+2
        add     ebp, 1                              ;4.24
        cmp     ebp, edx                            ;4.21
        jl      $B5 $4          ; Prob  82%         ;4.21
```

4.4.2　循环交换

循环交换优化用在多重循环中，交换内外两个循环的执行顺序。循环交换一般用于提高缓存的利用率，增加在循环过程中数据访问的局部性(连续性)。考虑下面代码：

```
// test4.c
#define MAX 1024
int test4(int a[MAX][MAX], int b[MAX][MAX]) {
    int i,j;
    for (j = 0; j < MAX; j++)
        for (i = 0; i < MAX; i++)
            a[i][j] = 3 * a[i][j];      // a[i][j] = 3 * b[i][j];
    return (0);
}
```

从上面的代码可以看出，循环体是按照 a[i][j]、a[i+1][j]的顺序来访问两维数组 a 的，而 C 语言中数组在内存中是按照行来存储的，即 a[i][j]、a[i][j+1]在内存中是连续的，但在上面的代码中，内循环中数组元素的访问顺序是以 MAX 为步长的。通过把循环交换就可以按顺序访问了：

```
for (i  = 0; i  < MAX; j++)
    for (j= 0; j  < MAX;j++)
        a[i][j] = 3 * a[i][j];      // a[i][j] = 3 * b[i][j] ;
```

循环交换优化在 Intel 编译器中需要采用/O3 选项才会启用，而且同时也要求开启处理器相关的选项。比如采用下列命令编译：

icl/O3/QxT/S /Qopt−report3 /Qopt−report−phasehlo test. c

从优化报告中可以看到进行了循环交换优化，同时还进行了自动矢量化等优化。注意：编译器并不是万能的，在有些情况下可能无法自动进行循环交换，比如上面的循环体中赋值语句改为：a[i][j] = 3 * b[i][j]；仍然采用上述命令进行编译会发现没有进行循环交换优化，而只是进行了循环展开。另外，如果用前面循环不变量的例子来进行编译，优化报告会报告由于可能的数据依赖而没有进行循环交换，因此这时你可以手工修改源代码来进行优化：

```
<test. c;3: 3;hlo_linear_trans;_test3;0>
Loop Interchange not done due to: Data Dependencies
  Dependencies found between following statements:
    [From_Line# -> (Dependency Type) To_Line#]
    [5 ->(Flow) 5] [5 ->(Anti) 5]
Advice: Loop Interchange, if possible, might help Loopnest at lines: 3 4
      : Suggested Permutation: (1 2 ) --> ( 2 1 )
```

4.4.3 循环展开

所谓循环展开技术指把那些本来要通过循环迭带连续执行 K 次的循环体合并在一起作为一个大的循环体，相应的循环索引变量也做相应的改变，k 被称为展开因子。比如代码：

```
for (i =0; i < 100; i++)
    a[i]=b[i]+c[i];
```

可以循环展开为：

```
for (i =0; i < 100; i+=2) {
    a[i]=b[i]+c[i];
    a[i+1]=b[i+1]+c[i];
}
```

通过循环展开，循环次数会减少，这样减少了每次循环的跳转指令的开销，另外，通过把小的循环体扩展成多条指令，使得处理器的指令级并行技术可以发挥作用。另外，通过循环展开还可能消除循环的数据依赖，从而可以进一步进行自动矢量化。当然，循环展开带来的一个后果是代码大小的增加。可以通过编译器的选项和在源代码中加进相应的 pragma 对什么时候进行循环展开进行控制。具体的编译选项和 pragma 在前面我们已经介绍过，另外也可以参考 Intel 编译器的用户手册。

循环展开的一个特殊情形就是在循环次数比较小时把循环体完全展开，这样，原来的循环变为顺序执行，不再有分支，考虑下列的代码：

```
// test5. c
void test6(int r[4], int m[4][4], int v[4]) {
// 3D-transform: Multiply vector V by 4x4 transform matrix M.
    int i,j;
    for (i = 0; i < 4; i++) {
        r[i] = 0;
        for (j = 0; j < 4; j++) {
            r[i] += m[j][i] * v[j];
        }
    }
}
```

icl/O2 /S /Qopt-report3 /Qopt-report-phasehlo test5. c

采用上面的命令编译后，查看汇编代码，可以看到该循环被完全展开，相当于：

```
r[0] = m[0][0]*v[0] + m[1][0]*v[1] + m[2][0]*v[2] + m[3][0]*v[3];
r[1] = m[0][1]*v[0] + m[1][1]*v[1] + m[2][1]*v[2] + m[3][1]*v[3];
r[2] = m[0][2]*v[0] + m[1][2]*v[1] + m[2][2]*v[2] + m[3][2]*v[3];
r[3] = m[0][3]*v[0] + m[1][3]*v[1] + m[2][3]*v[2] + m[3][3]*v[3];
```

如果你要自己手动来展开循环，需要考虑到循环次数可能不是展开因子的倍数的情形，考虑下面的代码：

```
// N 1025, M = 5
for(i=0;i<N; i++) {
    for (j=0;j<M; j++) {
        a[i][j] = b[i][j] + c[i][j]
    }
}
```

假设循环展开因子为4，但是当前N=1025无法整除4，这时你可以采用一种称为后条件循环的技术来把原来的循环分成两个循环，前面的循环正好可以展开：

```
K = N % 4; // K= N MOD 4
//main part of loop
for(i=0;i<N-K; i+=4) {
    for (j=0;j<M; j++) {
        a[i][j] = b[i][j] + c[i][j];
        a[i+1][j] = b[i+1][j] + c[i+1][j];
        a[i+2][j] = b[i+2][j] + c[i+2][j];
        a[i+3][j] = b[i+3][j] + c[ i+3][j];
    }
}
//post conditioning part of loop
for(i= N-K+1;i<N; i++4) {
    for (j=0;j<M; j++) {
        a[i][j] = b[i][j] + c[i][j];
    }
}
```

4.4.4 循环分隔和融合

循环分割优化在前面介绍#pragma distribution point时已经提到过，其基本思想是把循环体分割成两个或者多个部分，这样一个循环就被分割为两个或者多个循环。通过把循环体分割，然后把那些相似或者完成相同功能的指令组成一个新的循环，这样有可能提高缓存的利用率、消除数据依赖而进行自动矢量化、利用指令级的并行或者进行其他循环优化等来提高性能。

考虑下列代码，由于编译器不知道在调用foo时是否会改变a和b的值，不能确保有没有额外效应，因此编译器可能不会进行循环分割。但是，如果你知道foo不会有任何问题，那么你可以手工进行分割，前一个部分可以进行自动矢量化：

```
void test6(int a[100][100], int b[100][100], int len)
{
    int i,j;
  for (i=0; i<len; i++) {
    for (j=0; j < len; j++) {
```

```
        a[i][j] = a[i][j] * 3;
        foo(a,b);
      }
    }
}
```

循环分割后的代码为：

```
for (i=0; i<len; i++) {
    for (j=0; j < len; j++) {
        a[i][j] = 3 * a[i][j];
    }
}
for (i=0; i<len; i++) {
    for (j=0; j < len; j++) {
        foo(a,b);
    }
}
```

循环融合正好和循环分割相反，它是把两个或者多个具有相同循环条件的循环体合并在一起构成一个新的循环。原来的多个循环变成一个循环，循环开销减少了，同时也可能利用指令级并行、缓存的有效访问等技术来提高性能。考虑下列代码：

```
int test7(int *a, int *b, int len)
{
    int i;
    for (i = 1; i < len; i++)
        a[i] = b[i+1]+b[i-1];
    for (i = 1; i< len; i++)
        b[i] = a[i+1] + a[i-1];
    return (0);
}
```

注意，初看起来这两个循环合并之后会出现问题，但是仔细观察之后可以这样来合并：

```
a[1] = b[2] + b[0] ;
for (i =2; i < len; i++)  {
```

```
    a[i] = b[i+1]+b[i-1];
    b[i-1] = a[i] + a[i-2];
}
b[len-1] = a[len] + a[len-2];
```

除了上面介绍的循环优化技术之外，还有一种称为缓存块(cache blocking)的技术，主要用在访问那些比较大的、没有办法一次容纳到缓存中的数组时，其基本思想是每次只取大数组的一块数据放入缓存中，处理完之后再用新的数据块代替继续处理。

循环分支(Loop unswitching)技术把在循环体中的分支提取到循环外面，这样循环体就没有了分支，有助于进行更进一步的优化，比如自动矢量化等。

```
for (i=1;i<=10000;i++) {
    if (a<2) {
        b=b*c;
    }
    else {
        b=b*b^2-c;
    }
}
```

优化后的代码为：

```
if (a<2) {
    for (i=1;i<=10000;i++)
        b=b*c;
}
else {
    for (i=1;i<=10000;i++)
        b=b*b^2-c;
}
```

习 题

(1) 请问 Intel C++ Compiler 的编译环境和哪两个文件相关，这两个文件的主要内容是什么？

(2) 下列命令行的编译命令如果要通过集成开发环境来设置，该如何进行？

icl/O2/Qipo/QxT/Ob0/Qopt－report2/Qopt－report－phasehpo /Qopt－report－filelog. txt test_ipo_alias. c test_ipo_alias2. c

(3) Intel 的自动优化选项有哪些？考虑一个大的工程计算应用，通过少数几个循环进行大量的浮点运算，适合于采用哪种自动优化选项？

(4) 如果你希望编译器能够对于循环进行自动矢量化，应该采用哪些编译选项？

(5) 采用/Qxp/QxT 与/QaxP /QaxT 编译选项有什么作用，两者之间有什么不同？

(6) 过程间优化通过分析函数调用以及变量和内存的访问从而可以进行内联展开、常数传播等优化，请问/Qipo 与/Qipo-c 有什么区别？

(7) 什么是 profile 导向的优化？如何进行 PGO 优化？

(8) 浮点运算的优化经常需要根据你要求的精度和计算速度而选择合适的编译选项，请问/fp: fast /Qftz 选项的作用是什么？

(9) 什么是 pragma？Intel C＋＋编译器支持的针对循环优化的 pragma 有很多，请至少列出五种。

(10) 什么是循环分割和循环融合优化？请举例说明。

5 Vtune 性能分析器

5.1 什么是 Vtune

Vtune 可视化性能分析器(Intel VTune Performance Analyzer)是一个用于分析和优化程序性能的工具,作为 Intel 为众多开发者们提供的专门针对寻找软硬件性能瓶颈的一款分析工具,它能帮助你确定程序的热点(hotspot),帮助你找到导致性能不理想的原因,从而让你对程序进行优化。

概括起来,Vtune 性能分析器能通过以下的手段帮助你发现和定位程序中的性能问题:

(1) 从当前系统中收集性能数据。

(2) 从系统到源代码不同的层次上,以不同的互动形式来组织和展示数据。

(3) 发现潜在的性能问题,并提出改进措施。

5.2 基础概念简述

VTune™ Performance Analyzer 能够帮助用户定位程序中的"热点"。所谓热点就是程序中花费执行时间最长的代码段。但有时候,光知道热点的位置是不够的,还需要找出导致热点的原因以及如何去改进。使用 Vtune 性能分析器,你可以通过跟踪主要的函数调用和监视特定的处理器事件,比如 cache 未命中、程序段的触发,你还可以通过计算事件百分比(event ratios)来确定是否是某些处理器事件导致了热点的发生。

Vtuen 性能分析器收集应用程序和系统上的性能数据,然后以图形和表格的形式显示出来。从这些显示的数据中,用户能够分析应用程序的性能,能够知道程序中哪个部分执行得慢,为什么执行得慢。下面是 Vtune 性能分析器显示的性能数据的几种形式:

5.2.1 采样

采样能以图形化方式显示程序执行的指令地址直方图，帮助确定代码中的性能瓶颈。采样数据采集完毕之后，可以按进程、线程、模块、函数或指令地址进行查看。采样只需极低的性能开销，并且不需要修改代码。通过采样图，可以方便地了解到哪些代码是处于活动密集区，如果采样图是按模块划分，那么最长的区域所对应的代码模块代表的就是 HotSpot，在开发中需要着重优化。

5.2.2 调用图

调用图包含以下信息：

(1) 函数被调用次数及调用它的函数。

(2) 在每个函数或方法上耗费的时间。

(3) 函数耗费在阻塞或等待上的时间。

(4) 经过调用层次结构的关键路径。

(5) 耗费时间占总时间 n%以上的函数，其中 n 由用户指定。

5.2.3 计数器监视器

计数器监视器可实时查看应用程序的性能。可监视 200 个以上可用操作系统计数器中的任何一个。用户可创建自定义的性能监视器来监视软、硬件性能。计数信息包括重定向网络错误率、内存占用量、上下文切换率、CPU 时间等。

读者可以通过下面的小例子来初步认识一下 Vtune 的应用：

Vtune 性能分析器一条形图显示性能数据信息，矩形越长的表示对应的程序段的执行时间越长，这也就是程序中的热点，如图 5.1 所示。

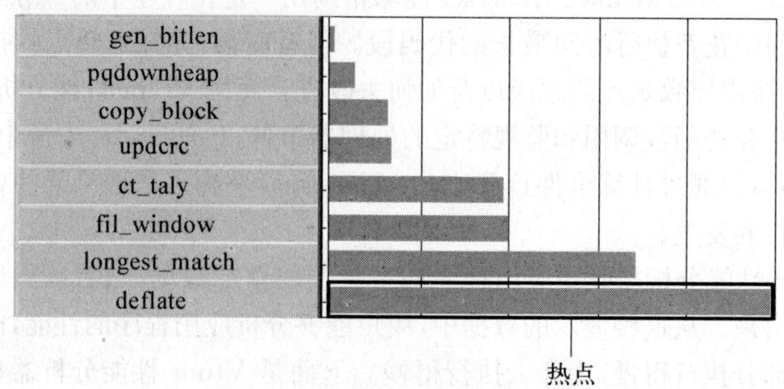

图 5.1 性能数据的图形化视图

点击图 5.1 中的粗线框时，Vtune 将自动定位到对应的程序段(比如函数等)，如图 5.2 所示。

RVA	Line	Source	Time
	658	* evaluation for matches: a match is f	
	659	* no better match at the next window p	
	660	*/	
	661	ulg deflate()	
0...	662	{	
	663	IPos hash_head; /* head of	
	664	IPos prev_match; /* previou	
	665	int flush; /* set if	
	666	int match_available = 0; /* set if	
	667	register unsigned match_length = MI	
	668	#ifdef DEBUG	

Function Summary			Sampling Results - Wed Apr ...
RVA	Size	Name	Timer (2)
-----	-----	--- Selected Range ---	
0x1440	0x150	longest match	1,028

图 5.2　对应的程序段

性能分析器能够帮助你优化代码，并最大限度地利用 intel 处理器的体系结构。一般来说，分析优化应用程序和系统的操作流程如图 5.3 所示。

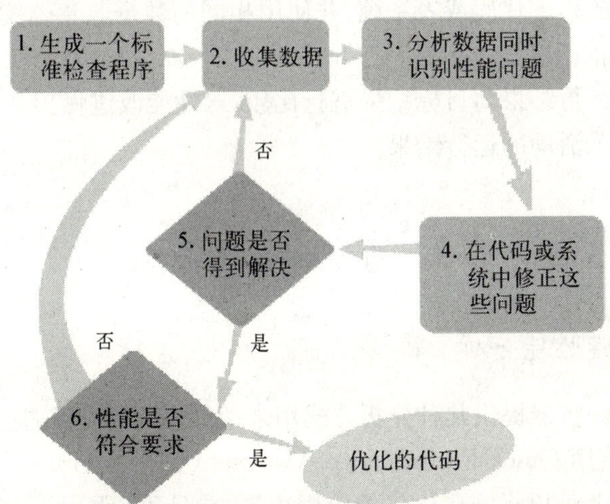

图 5.3　分析优化应用程序和系统的操作流程

为了优化应用程序或者系统，用户可通过下面的操作来寻找出性能的瓶颈：

(1) 弄清内存和处理器等系统资源利用方式的相关信息，来寻找系统级别的性能瓶颈。

(2) 测定应用程序中的每一个模块和函数的执行时间。

(3) 弄清不同的模块如何影响相互间的性能。

(4) 找到程序中最费时间的函数调用和程序中的函数调用顺序。

(5) 弄清在处理器级别上的应用程序是如何执行的，以找到在微结构层次上的性能问题。

Vtune 性能分析器能够通过三种类型的数据收集方式来自动收集上面所述的信息。这三种方式就是本节刚开始时讲到的采样、调用图和计数器监视器。用户可以根据这三种方式的特点来选择某一种或者混合使用的方式来收集相关的信息。这三种数据收集方式的特点，读者可以自行参考 Vtune 性能分析器的用户帮助文件。

使用 Vtune(TM)性能分析器优化应用程序，首先必须建立一个工程(project)。所谓工程就是一个包含有与应用程序相关的所有优化信息。在一个工程内，用户可以创建一个活动(Activity)。所谓的活动包含用户的应用程序的信息和一个或多个数据收集器(data collectors)的配置信息。一旦你运行一个活动，Vtune 性能分析器将启动应用程序和数据收集器，开始自动收集相关数据信息。

活动的运行将产生一些活动结果(Activity Result)，这些结果保存与活动一起保存在工程的目录下。至此，我们可以：

(1) 在一个活动中保存应用程序的执行和数据信息收集器的配置信息。

(2) 修改你的程序代码或者系统，并使用相同的数据收集器配置，运行若干次该应用程序对应的活动。

(3) 把活动运行结果与目标结果进行比较，对性能改进做出评估。

(4) 合并多个活动的运行结果。

5.3 寻找和分析热点

5.3.1 快速性能分析

Vtune 性能分析器提供几种分析方式用来帮助用户定位到瓶颈代码段。但是作为一般用户，使用 Quick Performance Analysis (QPA) wizard 就可以了。用户使用 QPA wizard，可以指定要优化的应用程序，并且可以配置分析器，使用采样、调用图和计数器监视器来收集性能信息。

5.3.2 创建一个工程和收集数据信息

使用 QPA wizard 可以快速分析应用程序。Vtune 性能分析器在 QPA wizard

下创建一个工程(Project),在这个 Project 下的 Activity 默认包含了采样(sampling)、调用图(call graph)和计数器监视器(Counter monitor)。下面是使用 QPA wizard 创建 Project 和收集性能数据信息的步骤:

5.3.2.1 打开 QPA wizard

(1) 点击“New Projcet”按钮,打开新建 Project 对话框。在对话框中,Vtune 根据几种类型的 activity 提供几种不同建立 Project 的 wizard 选项。这里一般选择“Quick Performance Analysis wizard”就可以了。

(2) 给要创建的 Project 一个名字,点击“ok”按钮,如图 5.4 所示。

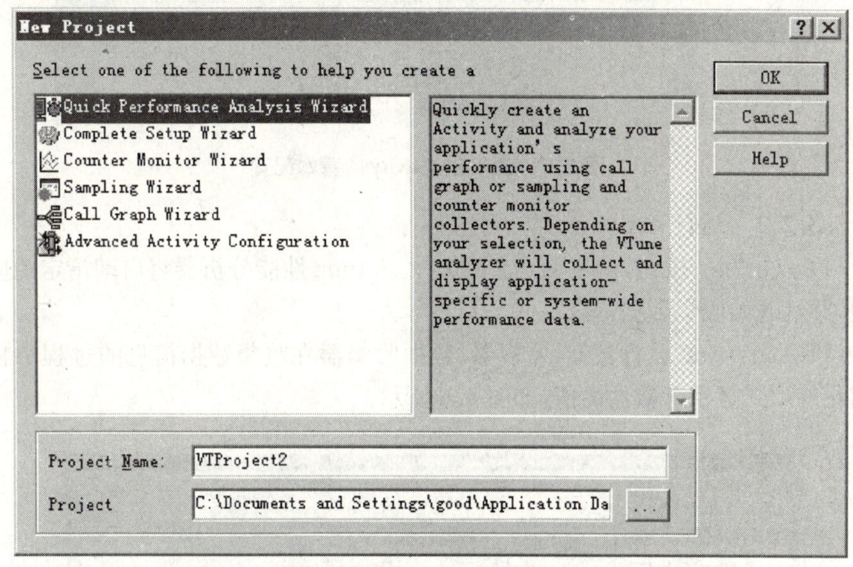

图 5.4 打开 OPA wizard

5.3.2.2 定义在 Activity 的基本配置

(1) 用户可以选定右上角的“No Application to Launch”选项,这样 Vtune 性能分析器将不再启动任何应用程序,假如用户要把调用图(Graph call)加入到 activity 中,则必须添加应用程序。一般来说,只有当用户使用 Vtune 来分析整个系统的时候,才会选定“No Application to Launch”选项。

(2) 添加要分析的应用程序到“application to Launch”域中。

(3) 用户可以更改 Vtune 性能分析器的工作目录。

(4) 如果有必要,可在“Command Line Arguments”栏中定义命令行参数。

(5) 配置该 activity 所要收集的数据信息(sampling,graph call,counter monitor),如图 5.5 所示。

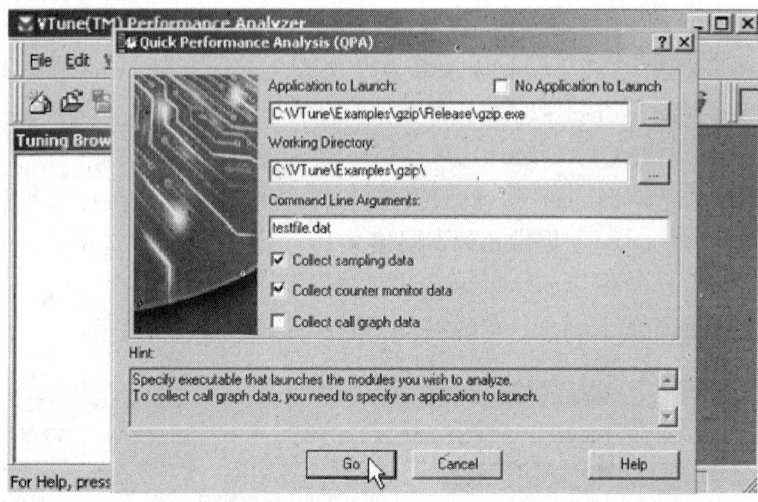

图 5.5　定义在 Activity 的基本配置

5.3.2.3　运行 Activity

(1) 点击“go”按钮，创建 activity 成功。Vtune 性能分析器将启动指定的应用程序，并且开始收集数据信息。

(2) Acitvity 默认计数器、监视器、数据收集器在收集数据信息的过程中将以图形化的形式显示计数器的值，如图 5.6 所示。

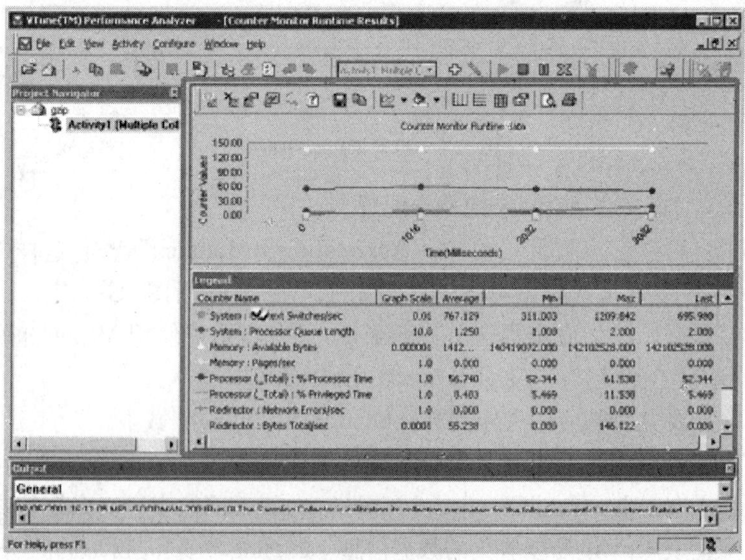

图 5.6　收集数据信息

(3) 点击 output 窗口的标题栏,选择“Floating”选项。Output 窗口用来显示数据信息收集的进展,如图 5.7 所示。

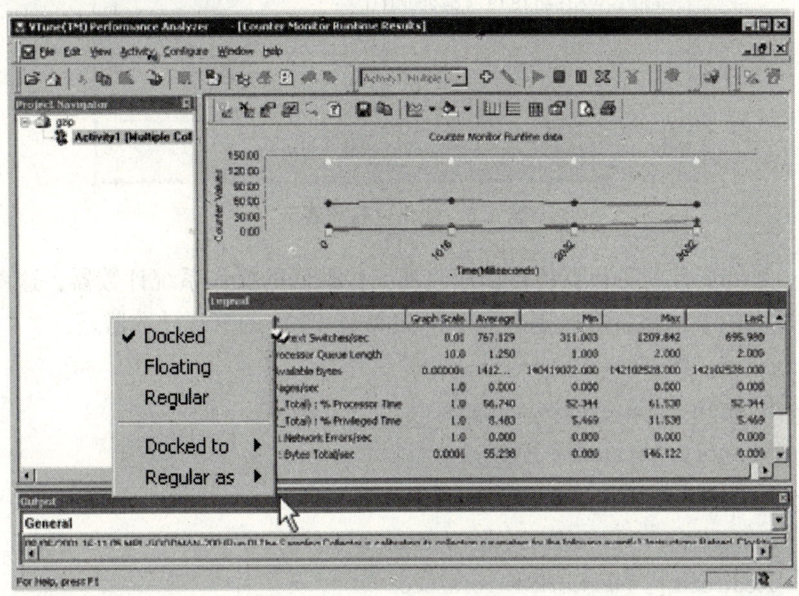

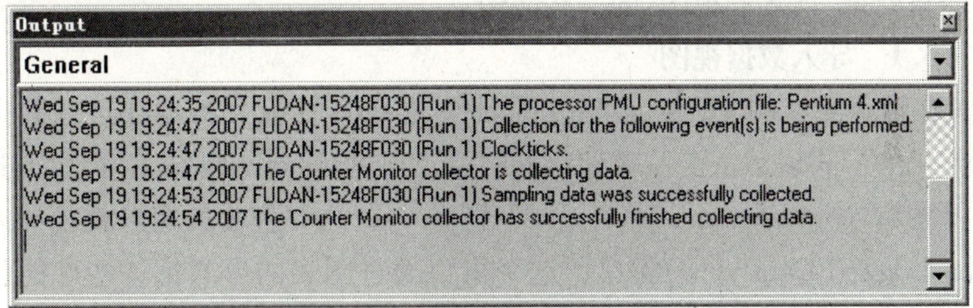

图 5.7 数据信息收集的进展

(4) 一旦数据收集结束,Vtune 将会提醒用户先看哪类型数据。不同的用户可能会有自己优化程序的方法,这里以 intel 推荐使用的性能优化方法为例,展示优化的过程,如图 5.8 所示。

5.3.3 计数器监视器的数据收集器

计数器监视器数据收集器(The Counter Monitor Collector)是用来监视和图形化显示性能计数器数据的一个工具。性能计数器能够帮助你理解计算机子系统与用户的应用程序之间的原因和影响结果的关系。对于使用 QPA wizard 建立

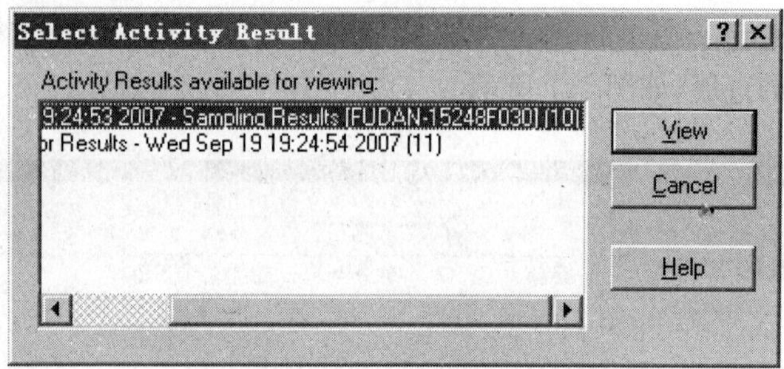

图 5.8 优化过程的展示

Activity，Vtune 性能分析器将自动地监视一些默认的操作系统计数器。这些计数器对于不同的系统将各有区别。对于 Windows 2000 的默认计数器是：

System：Processor Queue Length

— System：Context Switches/sec

— Memory：Available Bytes

— Processor（_Total）：% Privileged Time

— Processor（_Total）：% Processor Time

— Redirector：Network Errors/sec

下面将介绍"计数器视图"的一些使用：

5.3.3.1 导入数据视图

(1) 在运行默认的 QPA activity 的时候，Vtune 性能分析器在运行数据视图中以图形化的形式展示了受监督计数器的值。当运行 activity 结束，可以通过对话框选择要察看"counter monitor results"(图 5.9)。这时弹出的窗口就是导入数据视图(the Logged Data view)窗口。这个窗口通过图表的形式把一些性能计数器在数据收集过程中的轨迹展示出来。如图 5.10 所示。

(2) 在图 5.10 中的每一条线都代表着一个相应性能计数器。

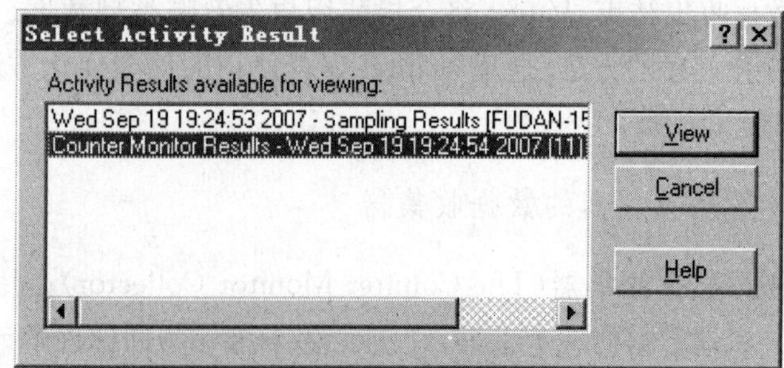

图 5.9 受监督计数器的值

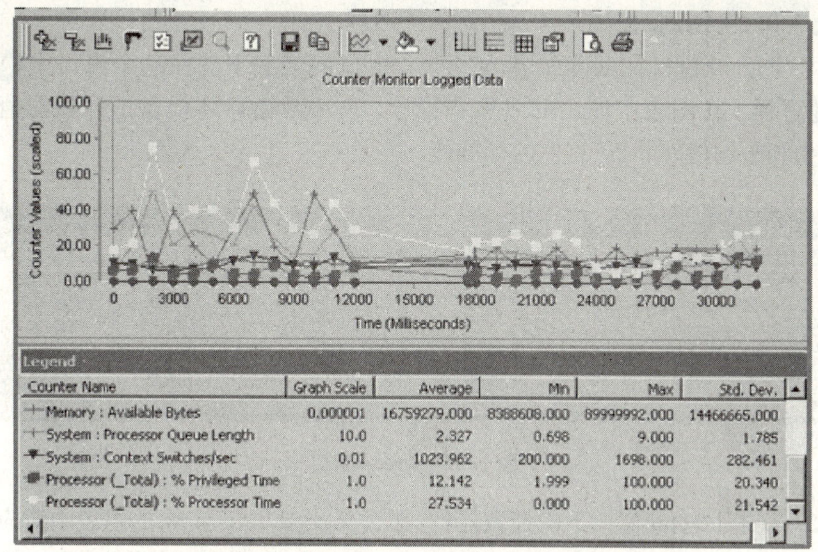

Counter Name	Graph Scale	Average	Min	Max	Std. Dev.
Memory : Available Bytes	0.000001	16759279.000	8388608.000	89999992.000	14466665.000
System : Processor Queue Length	10.0	2.327	0.698	9.000	1.785
System : Context Switches/sec	0.01	1023.962	200.000	1698.000	282.461
Processor (_Total) : % Privileged Time	1.0	12.142	1.999	100.000	20.340
Processor (_Total) : % Processor Time	1.0	27.534	0.000	100.000	21.542

图 5.10　性能计数器在数据收集过程中的轨迹

(3) 图 5.10 中的每一个波峰都代表着一个比较高的计数器值，通过这个图表，用户可以轻易地确定在收集数据信息的过程中哪个时间点，计数器的值最高。

(4) 当把鼠标放置到图表的某个点上，Vtune 将自动给出一个在该点处相应计数器值的提示，如图 5.11 所示。

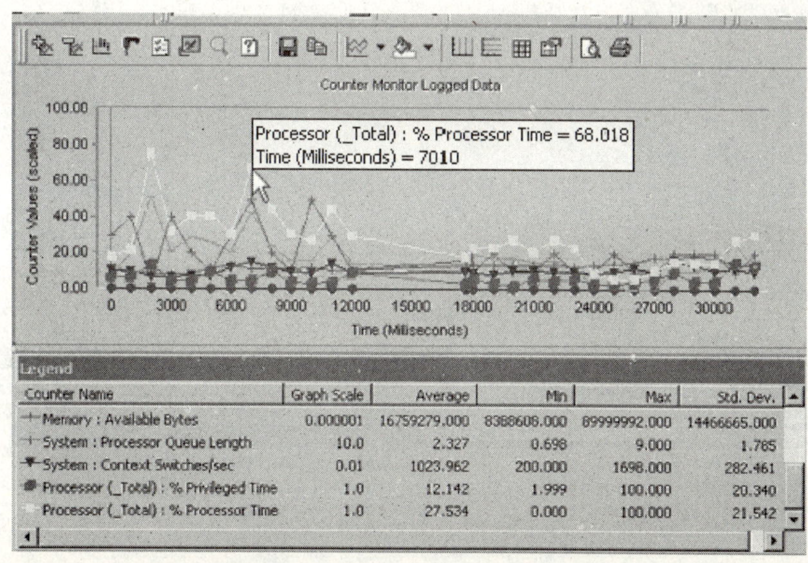

Counter Name	Graph Scale	Average	Min	Max	Std. Dev.
Memory : Available Bytes	0.000001	16759279.000	8388608.000	89999992.000	14466665.000
System : Processor Queue Length	10.0	2.327	0.698	9.000	1.785
System : Context Switches/sec	0.01	1023.962	200.000	1698.000	282.461
Processor (_Total) : % Privileged Time	1.0	12.142	1.999	100.000	20.340
Processor (_Total) : % Processor Time	1.0	27.534	0.000	100.000	21.542

图 5.11　某个点相应计数器值的提示

5.3.3.2 图例

(1) legend 窗口在 logged data view 窗口的最底下。在这个窗口中，Vtune 详细地解释了在图表中使用的名称和符号。legend 窗口还提供了计数器值的最大、最小和平均值，同时还有值的标准差。

Legend

Counter Name	Graph Scale	Average	Min	Max	Std. Dev.
Memory : Available Bytes	0.000001	16759279.000	8388608.000	89999992.000	14466665.000
System : Processor Queue Length	10.0	2.327	0.698	9.000	1.785
System : Context Switches/sec	0.01	1023.962	200.000	1698.000	282.461
Processor (_Total) : % Privileged Time	1.0	12.142	1.999	100.000	20.340
Processor (_Total) : % Processor Time	1.0	27.534	0.000	100.000	21.542

图 5.12 legend 窗口

(2) 双击 legend 窗口下的计数器行，那么 logged data view 的图表中对应的计数器(counter)将高亮度显示。如果当前已经有计数器处于高亮状态，那么此时只需单击其他 counter，即可切换到其他 counter 高亮显示。

(3) 右击 legend 窗口中的某个计数器(counter)，然后在弹出菜单中选择"explain"，这时 Vtune 将弹出一个有关该 counter 的解释(explaination)窗口。如图 5.13、图 5.14 所示。

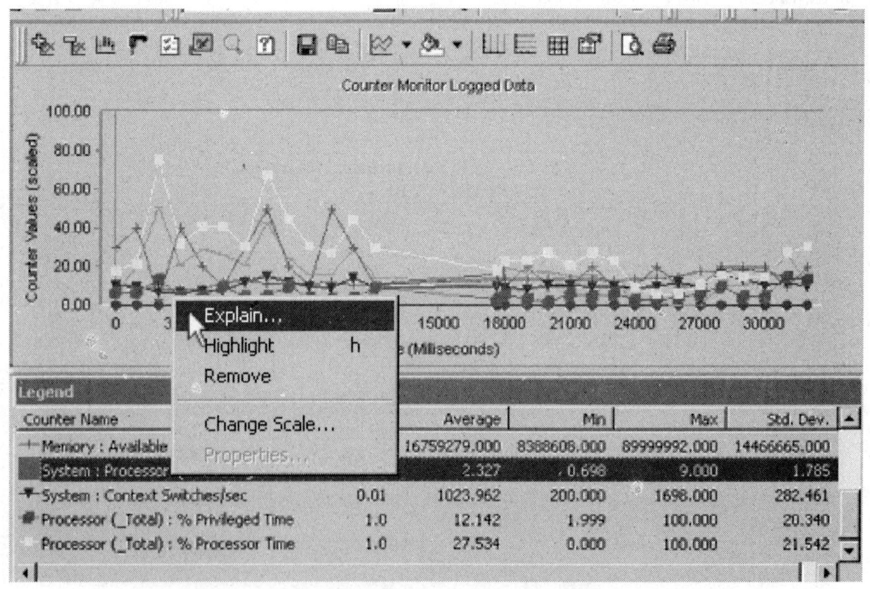

图 5.13 选择"explain"

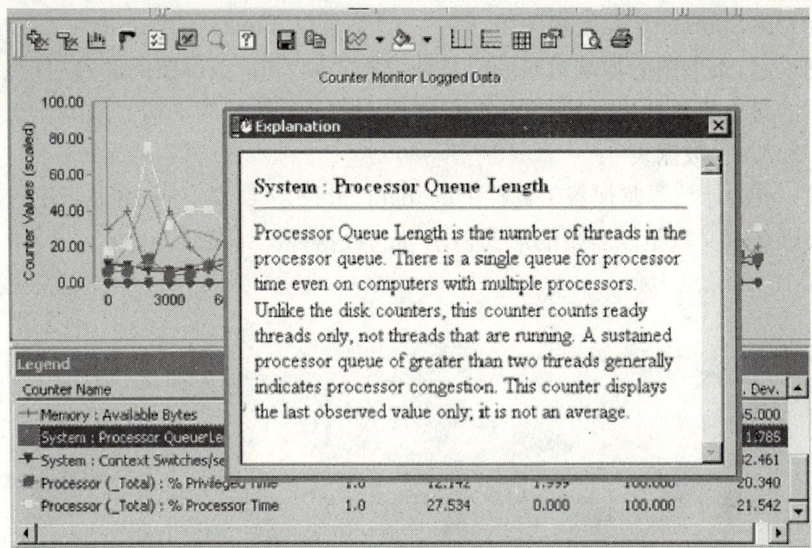

图 5.14 关于 Counter 的解释窗口

5.3.3.3 Summary data 视图

(1) 点击计数器监视器工具栏上的“Logged Data or Summary View”(即第三个)按钮,Vtune 将弹出“Summary view”视图窗口,该窗口提供了在 logged data view 中所有的计数器(counter)的统计信息,如图 5.15 所示。

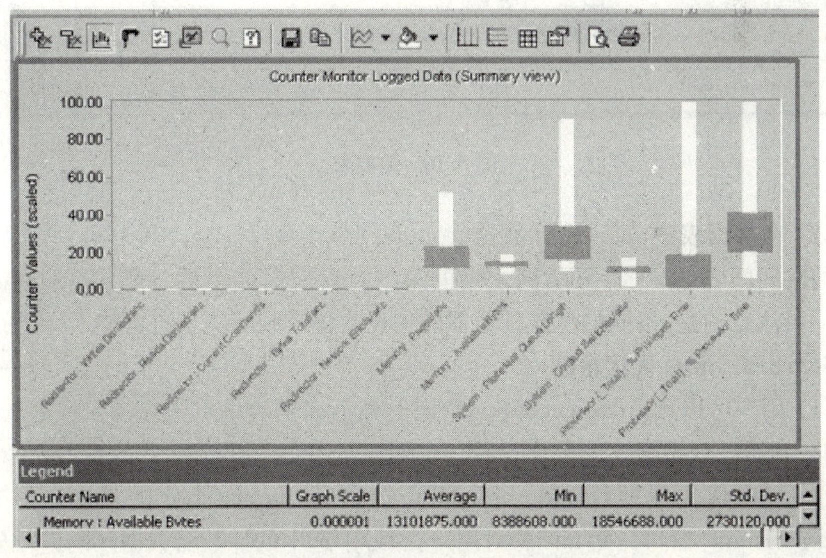

图 5.15 “Summary view”视图窗口

(2) 在 Summary data 视图中,每一个计数器(Counter)的 Summary data 都以条形图表示,条形图的顶端对应的值是计数器的最大值,条形图的底部对应的值是计数器的最小值,而中间的蓝紫色条形图代表的是计数器的平均值范围。

5.3.3.4 数据表

(1) 点击计数器监视器工具栏上的"data table"按钮,Vtune 将显示出数据表。数据表顾名思义就是以表格的形式显示导入数据视图(logged data view)中信息,如图 5.16 所示。

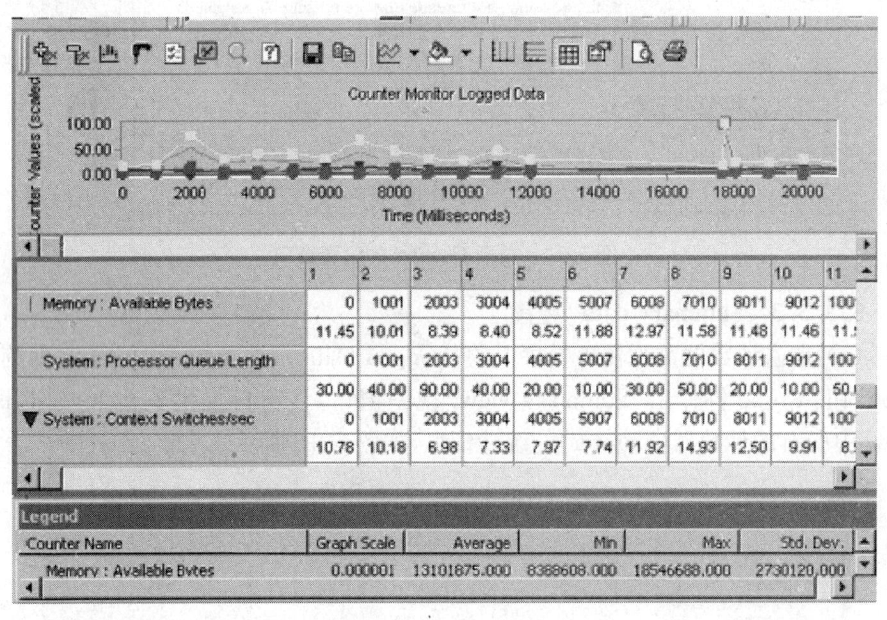

图 5.16 数据表

(2) 在数据表中,每一个计数器(counter)都有两行信息。其中第一行是信息收集的时间间隔,第二行显示同一列的第一行对应时间下的计数器(counter)的值。值得注意的是,不同的性能计数器的信息收集时间间隔是有可能不一样的。

5.3.3.5 intel 优化帮助

(1) 用户可以点击"Select Range"按钮,然后在图表中点击拖动鼠标来选定图表中的一段峰值(见图 5.17)。

(2) 点击优化帮助(tuning assistant)按钮,Vtune 性能分析器将弹出"intel tuning assistant"窗口。Vtune 将对用户在(1)中选中的计数器数据区间进行分析,然后将分析的结果和改进的建议等信息在这个窗口中显示出来,如图 5.18 所示。

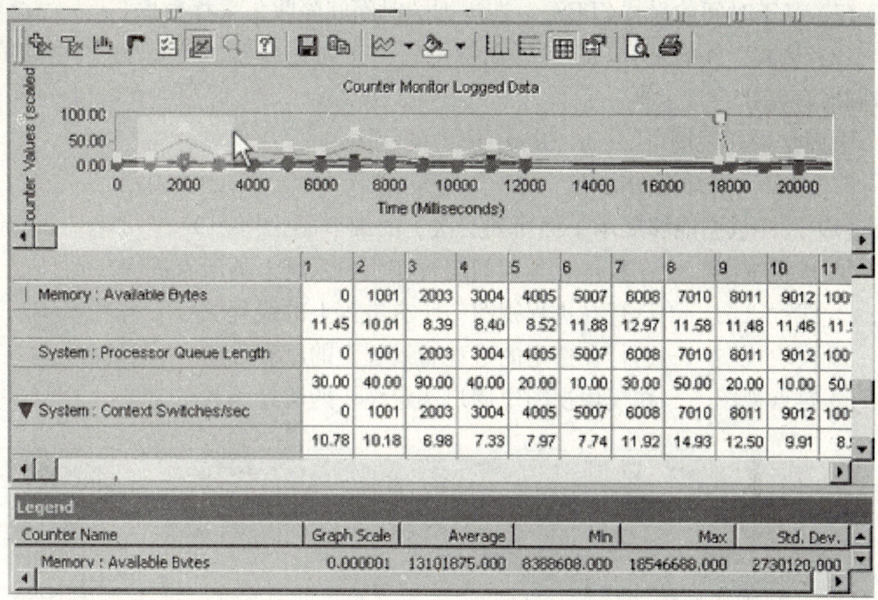

图 5.17　选定峰值

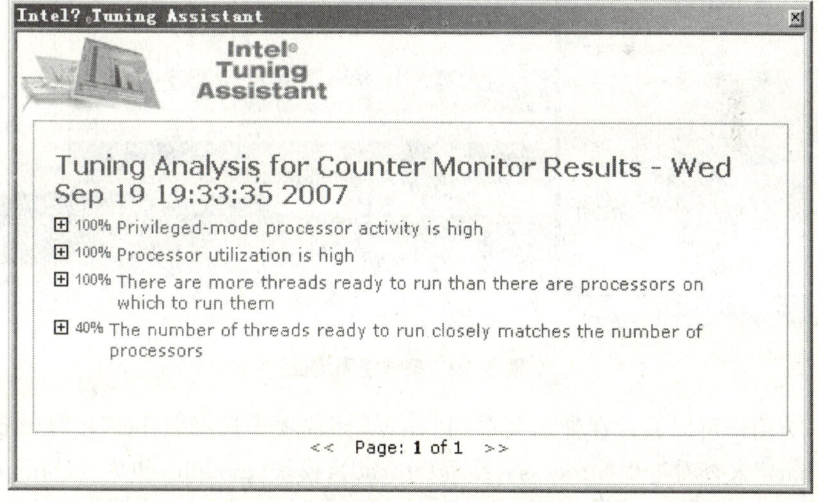

图 5.18　intel tuning assistant 窗口

5.3.4　采用数据信息收集器

用户可以使用以下两种采样机制来收集数据信息：

(1) 基于时间的采样(TBS)。在规则的时间间隔收集采样数据。

(2) 基数事件的采样(EBS)。在特定的一序列处理器事件发生后,中断处理器,同时存储指令指示器。

下面是采样视图(the sampling view)的使用:

5.3.4.1 采样视图定位

(1) 采样数据能够展示下面所列层次上的细节(见图 5.19)。

① 进程视图——在数据收集期间运行在用户系统上的所有进程。

② 线程试图——运行在进程视图中所有进程上的线程。

③ 模块视图——运行在选定的进程与线程上的所有模块。

④ 热点视图——在模块视图里用户选定模块的所有函数。

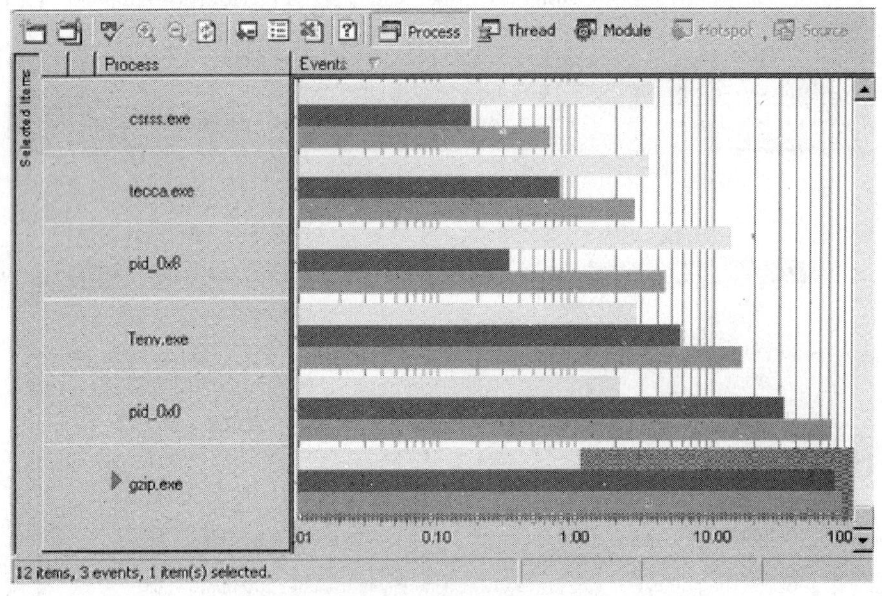

图 5.19 采样视图定位

(2) 用户可以通过在弹出菜单的"view as"选项中选择"table"和"Horizontal Bar Chart"来查看进程(process)、线程(thread)、模块(module)和热点(hotspot)视图中的信息,如图 5.20 所示。

(3) 当前视图为进程试图,用户可以选定视图中的某项,然后点击工具栏中的其他视图图标按钮。这时 Vtune 将显示所选项目下的对应视图。默认的 drill down 顺序是 process view —〉thread view —〉module view —〉hotspot view。用户可以跳过其中的某一步骤,但是不能逆序 drill down,如图 5.21、图 5.22 所示。

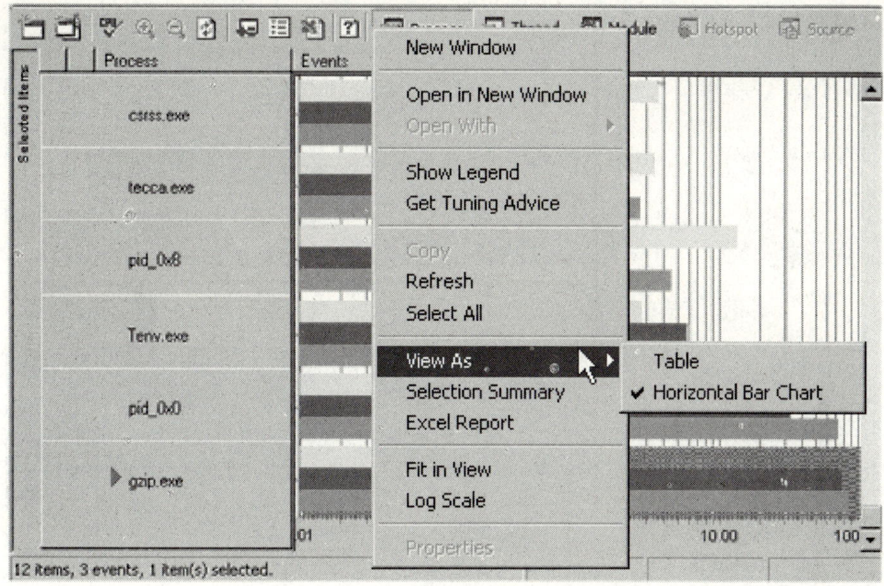

图 5.20　查看视图信息

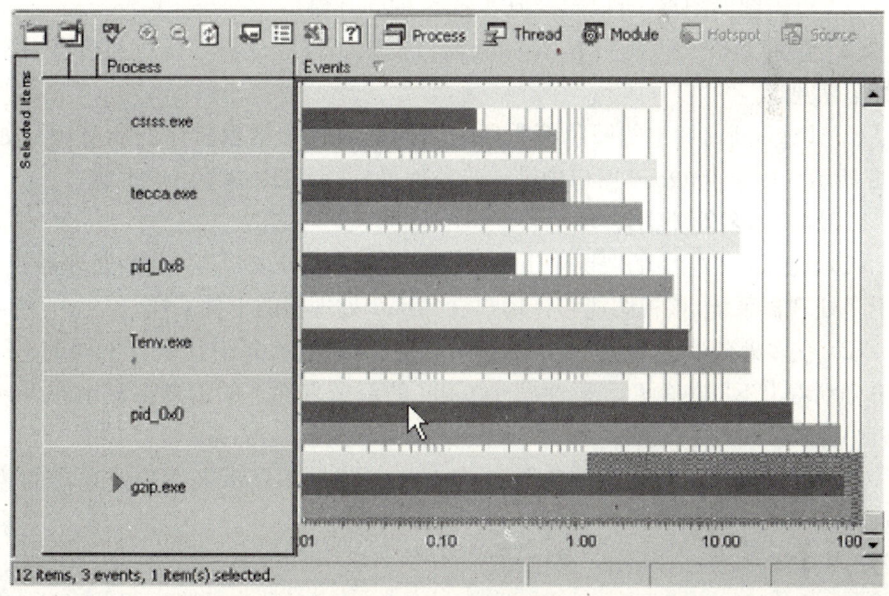

图 5.21　process 视图

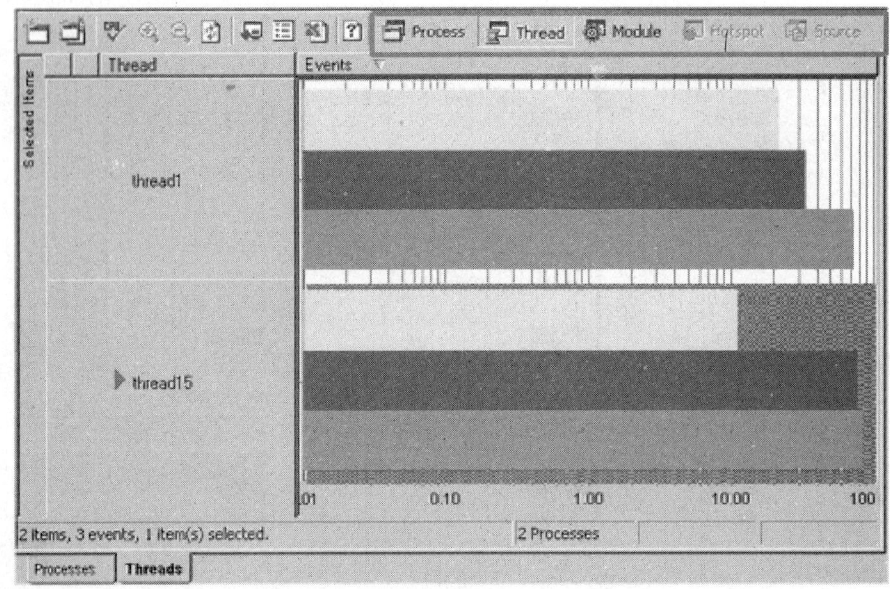

图 5.22 Thread 视图

5.3.4.2 图例

(1) 点击图例图标,可以隐藏或者显示 legend 窗口。

(2) 在直方条形图视图下,legend 窗口提供了进程、线程、模块和热点中事件的细节信息。

(3) Legend 窗口中的绿色箭头便是以当前事件为依据排序的所有项。如图 5.23 所示。对于 lengend 窗口中进一步的信息,读者可以参考用户手册。

5.3.4.3 多处理器视图

(1) 点击工具栏中的"show/hide"图标按钮,Vtune 将显示出多处理器视图。对于多处理器系统,该视图能够让用户看到每个处理器的事件采样。

(2) 在多处理器视图下,直方条形图将被分成两份,每份代表着不同的 CPU,两份分别着上不同的颜色。同时每个 CPU 的每个事件下的信息都显示在 legend 窗口中。

(3) 把鼠标放到某块直方条形图上,Vtune 就自动显示事件和处理器的相关信息,如图 5.24 所示。

5.3.4.4 selected items 控制板

(1) 点击左侧的 selected items 按钮,可以隐藏和显示 selected items 控制板。在 selected items 控制板下,用户可以看到当前视图 drill down 的路径。

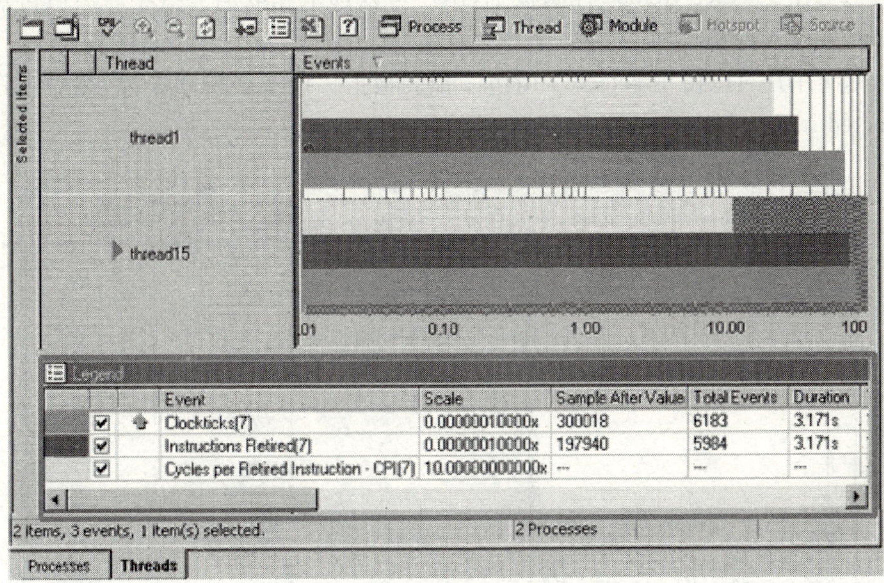

图 5.23　Legend 窗口

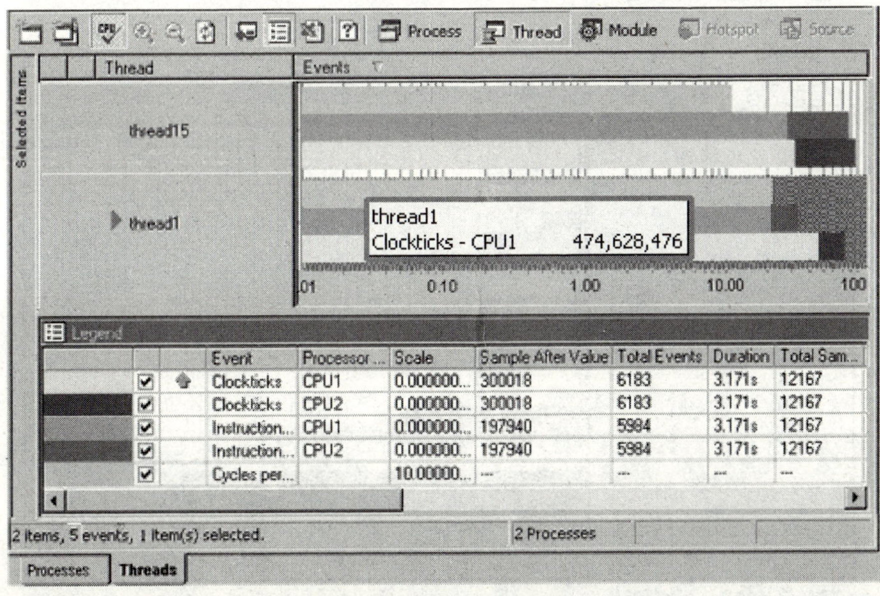

图 5.24　多处理器视图

(2) 在 selected items 控制板下,用户可以选中和取消一些项。然后再点击"sync"刷新当前视图。

(3) 用户可以使用 selected items 控制板把一些不必要项去掉,然后再隐藏 selected items 控制板,如图 5.25 所示。

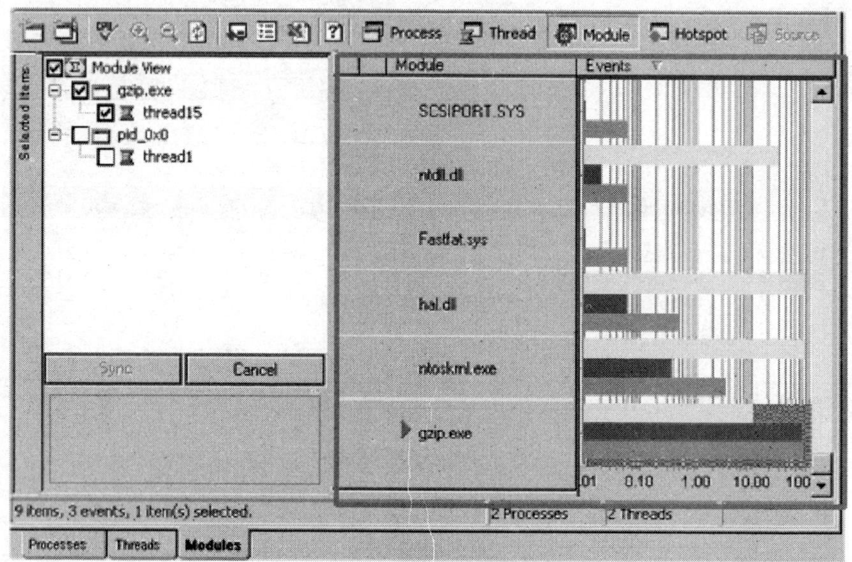

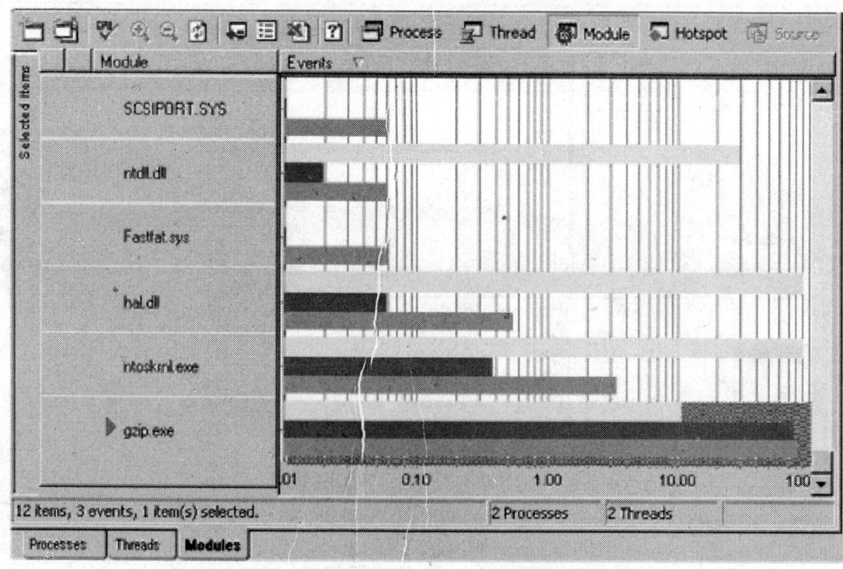

图 5.25 selected items 控制板

5.3.4.5 Selection Summary

(1) 点击 Selection Summary 按钮，可以显示或隐藏 Selection Summary 窗口。Selection Summary 窗口提供了一种快速的方式查看图表中所选项的采样或监视事件的累积数目。用户可以选择单项或者多项。

(2) 选择图表中某一项，Selection Summary 窗口中将显示出相关的事件信息，如图 5.26 所示。Selection Summary 窗口的进一步信息，请读者参考用户手册。

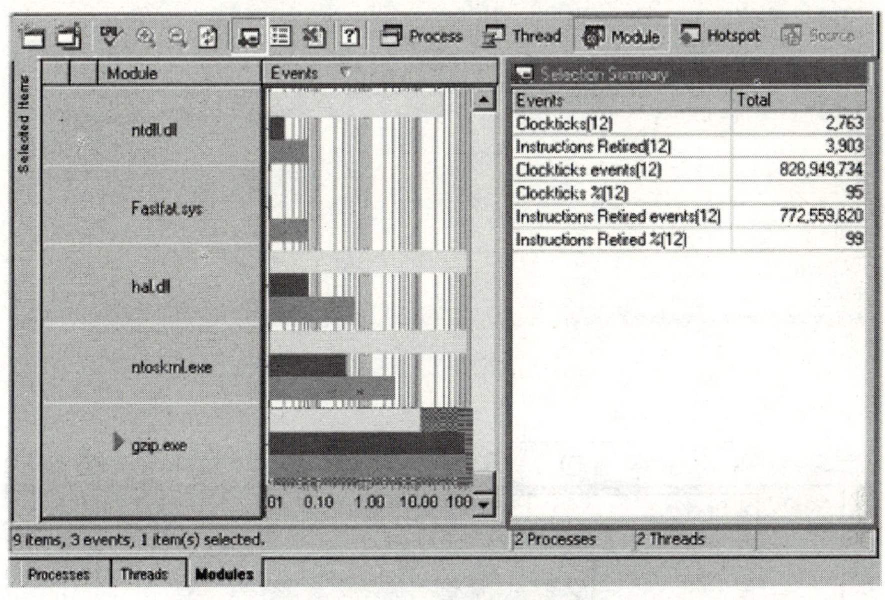

图 5.26 Selection Summary 窗口

5.3.4.6 导出

点击工具栏上的 Export Data to Exce 图标按钮，Vtune 性能分析器将把采样的数据信息导出到通用办公软件 Microsoft 的电子表格 Excel 中，同时 Vtune 也将以电子表格的形式显示采样数据(见表 5.1)。

5.3.4.7 查看热点代码

用户可以在采样视图下，以 process view —〉thread view —〉module view —〉hotspot view 的顺序 drill down 采样数据。当然可以跳过其中的某些步骤，最终用户到达 hotspot view，此时视图中最长的直方条形图对应的函数块就是应用程序的热点(hotspot)，用户只需双击该项，Vtune 会自动定位到该函数的源代码，如图 5.27 所示。

表 5.1 采 样 数 据

	A	B	C	D	E	F	G	H	I
1									
2	ModuleNar	ProcessNa	ProcessPa	*VTuneID0	*VTuneID1	CPU	ModulePat	ModuleID	ResolvedM
3	Fastfat.sys	gzip.exe	\Device\Ha	\Device\Ha	\Device\Ha	\Device\Harddisk\Volume4\VTune			\gzip\R
4	gzip.exe	gzip.exe	\Device\Ha	\Device\Ha	\Device\Ha	\Device\Ha	\Device\Ha	{35D7809C	C:\Docume
5	hal.dll	gzip.exe	\Device\Ha	\Device\Ha	\Device\Ha	\Device\Ha	\WINNT\System32\		
6	kernel32.d	gzip.exe	\Device\Ha	\Device\Ha	\Device\Ha	\Device\Harddisk\Volume4\VTune 6.0\gzip\R			
7	NaiFiltr.sys	gzip.exe	\Device\Ha	\Device\Ha	\Device\Ha	\Device\Ha	E:\Program Files\Common Files\		
8	netbt.sys	pid_0x0					\SystemRoot\System32\DRIVER		
9	ntdll.dll	gzip.exe	\Device\Ha	\Device\Ha	\Device\Ha	\Device\Ha	\SystemRoot\System32\		
10	ntoskrnl.ex	gzip.exe	\Device\Ha	\Device\Ha	\Device\Ha	\Device\Ha	\WINNT\System32\		
11	ntoskrnl.ex	pid_0x0					\WINNT\System32\		
12	SCSIPORT	gzip.exe	\Device\Ha	\Device\Ha	\Device\Ha	\Device\Ha	\WINNT\System32\DRIVERS\		
13	tcpip.sys	gzip.exe	\Device\Ha	\Device\Ha	\Device\Ha	\Device\Ha	\SystemRoot\System32\DRIVER		
14	uhcd.sys	pid_0x0					\SystemRoot\System32\DRIVER		
15									
16									
17									
18									
19									
20									
21									

Sheet1 / template

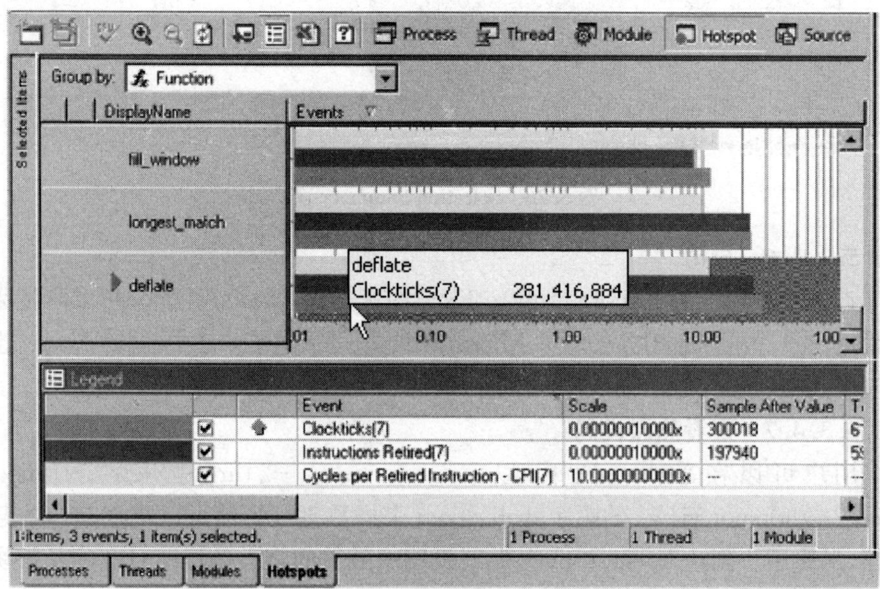

(a)

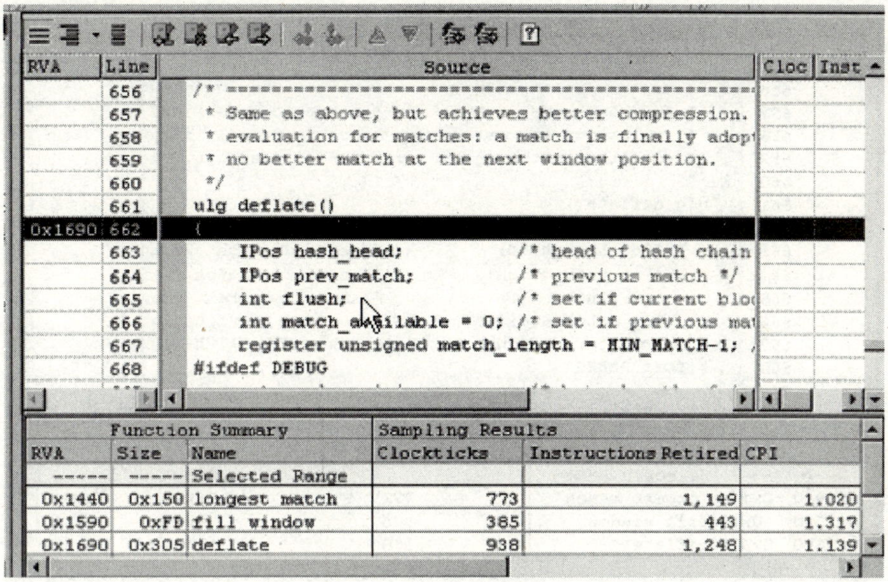

(b)

图5.27 查看热点代码

5.3.5 源码视图

源码视图能够帮助用户找到源码中的问题区域。Vtune性能分析器能够显示任何带有调试信息的已编译程序的源代码。通常用户会在采样和图调用等分析操作后使用源码视图。只有当应用程序的源文件和符号以及行号等信息存在可用时,用户才能够查看到模块(module)或函数的源码,否则,Vtune性能分析器将显示汇编代码。

下面介绍源码视图界面的一些使用:

5.3.5.1 源码视图界面

源码视图(source view)界面主要由两个窗口组成:源码窗口(source pane)和概要窗口(summary pane)。其中源码窗口中显示的是vtune定位到的源码,概要窗口显示的是所有函数项,用户可以双击选定的函数项到源码窗口中查看对应的源码,如图5.28所示。

5.3.5.2 源码格式

用户可以通过窗口左上角的"Source Only"、"Mixed"和"Disassembly Only"按钮来选择在source view pane下显示代码的格式,如图5.29所示。

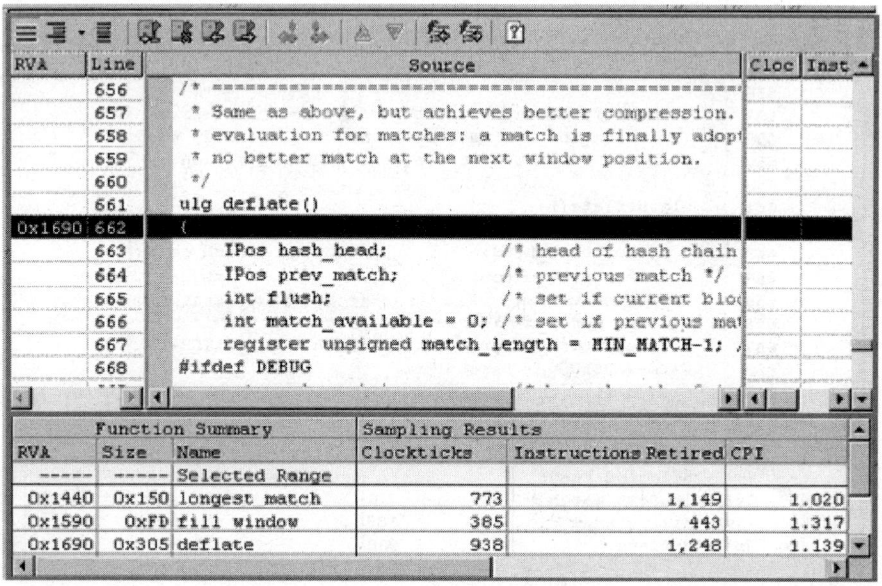

图 5.28 源码视图界面

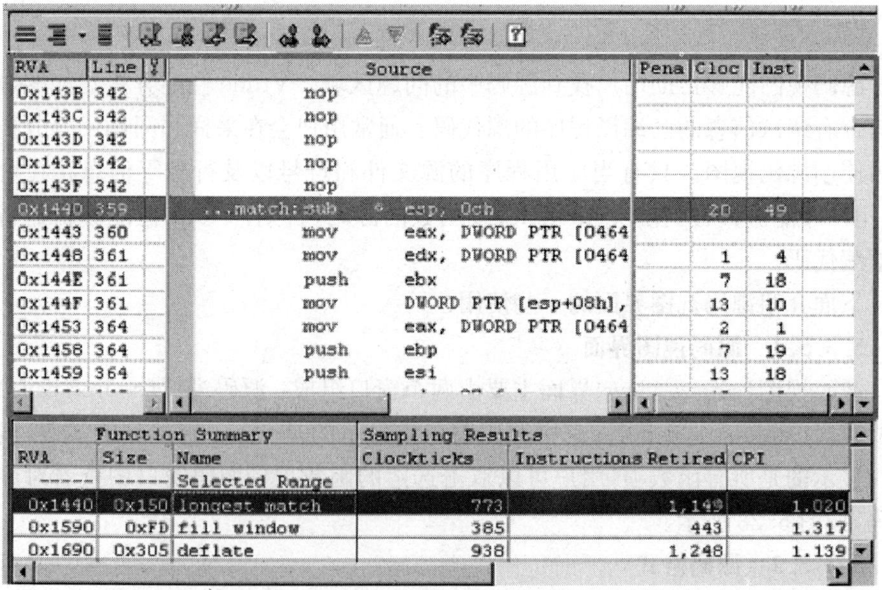

图 5.29 源码格式

5.3.5.3 intel 优化帮助

(1) 在 source pane 中选择一行或者一段代码，然后点击工具栏中的“Tuning Assistant”图标按钮，Vtune 将自动分析所选代码，然后将分析的结果和改进的建议等信息在弹出窗口中显示出来。

(2) 用户可以在弹出窗口中点击相关建议项来查看更加详细的信息。如图 5.30 所示。

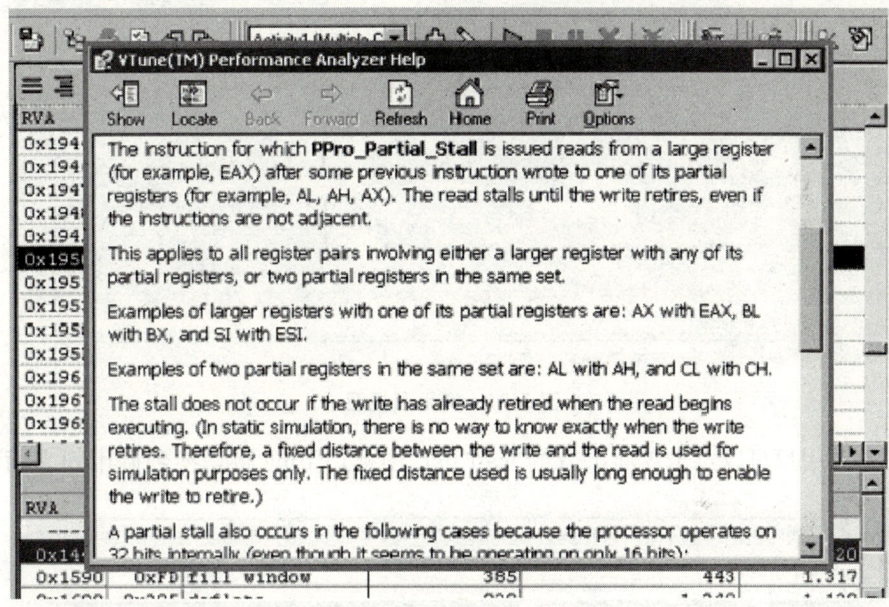

图 5.30 intel 优化帮助

5.3.6 调用图信息收集器

调用图提供了应用程序的程序流程信息：一个函数调用其他函数的次数；每个函数的执行代码与调用其他函数的时间；一个函数可以调用函数，也可以被调用。调用图信息收集器还提供了函数的调用入口信息。

下面将介绍调用图视图的界面和使用：

5.3.6.1 调用图视图界面

(1) 调用图视图主要由两个部分组成，一部分是函数概述面板(the function summary pane)，另一个部分则是调用图面板(the call graph pane)。函数概述面板以表格的形式显示函数的信息，而调用图面板则把函数的信息以图的形式显示。调用图把信息收集期间的所有线程都展示在视图中。每个图中的第一个节点代表一个线程的开始，其他节点代表该线程下调用的函数。如图 5.31 所示。

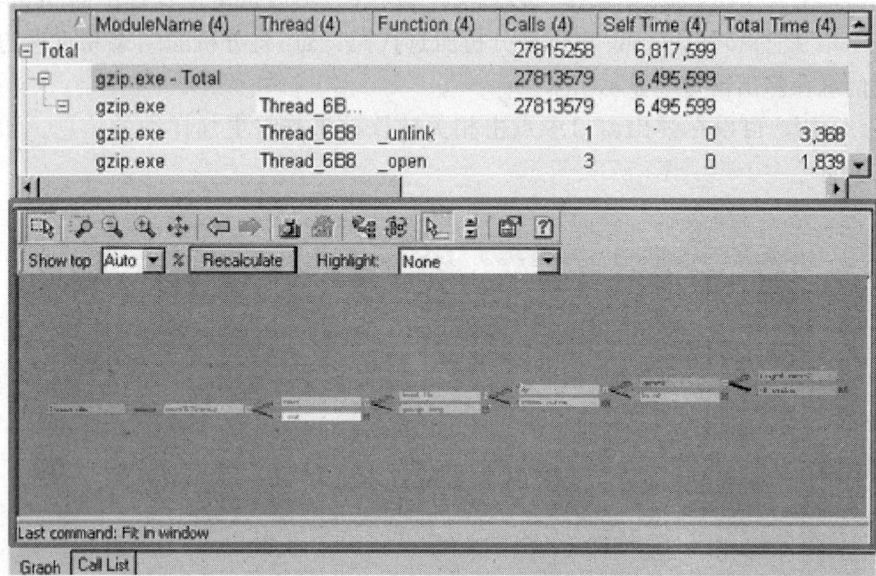

	ModuleName (4)	Thread (4)	Function (4)	Calls (4)	Self Time (4)	Total Time (4)
Total				27815258	6,817,599	
	gzip.exe - Total			27813579	6,495,599	
	gzip.exe	Thread_6B...		27813579	6,495,599	
	gzip.exe	Thread_6B8	_unlink	1	0	3,368
	gzip.exe	Thread_6B8	_open	3	0	1,839

图 5.31 调用图视图

(2) 用户可以点击界面下方的“call list”图标，Vtune 将切换到调用列表面板

ModuleName (4)	Thread (4)	Function (4)	Calls (4)	Self Time (4)	Total Time (4)
gzip.exe	Thread_6B8	ct_init	1	38	100
gzip.exe	Thread_6B8	__crtGetEnv...	1	48	91
gzip.exe	Thread_6B8	main	1	62	6,814,126
gzip.exe	Thread_6B8	_stat	4	68	1,109
gzip.exe	Thread_6B8	__sbh_alloc...	1	73	75

Focus function

ModuleName	Thread	Function	Calls	Self Time	Total Time
gzip.exe	Thread_6B8	main	1	62	6,814,126

Caller Function	Contribution	Time (edge)	Edge Calls	Thread
mainCRTStartup	100.0%	6,814,126	1	Thread_6B8

Callee Function	Contribution	Time (edge)	Edge Calls	Thread
treat_file	100.0%	6,813,957	1	Thread_6B8
getopt_long	0.0%	50	1	Thread_6B8
add_envopt	0.0%	28	1	Thread_6B8
do_exit	0.0%	19	1	Thread_6B8

Graph　Call List

图 5.32 调用列表面板

(the call list pane)。在调用列表面板中，Vtune 以表格的形式展示了函数之间的调用关系。调用列表面板又分为三个窗口：顶上的是“focus function”窗口，该窗口显示的是当前焦点(查看)函数；中间的是“caller function”窗口，该窗口显示的是调用焦点函数的函数；底下的是“callee function”窗口，该窗口显示的是焦点函数调用的函数。

5.3.6.2 调用图面板

(1) 用户可以点击界面下方的“graph”图标从“call list”切换到调用图面板。在调用图面板中，程序的关键调用用红边联系起来，所谓关键调用是指适用时间最长的调用序列。调用图中的边的粗细代表着该调用的执行时间。

(2) 和边一样，调用图节点的颜色不同也代表着该函数执行时间的长短，这里的执行时间只包括函数自身的代码，不包括调用其他函数的执行时间。在调用图中，灰色的节点表示执行时间很短，而深橙色则表示执行时间较长。如图 5.33 所示。

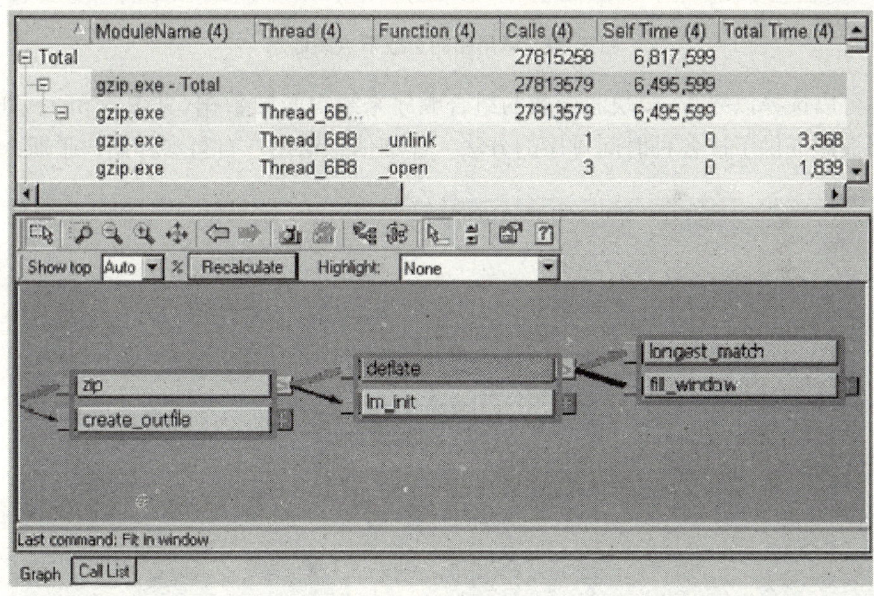

图 5.33 调用图面板

(3) 把鼠标放置到调用图的边上或节点上，Vtune 将提供相关的详细信息(见图 5.34)。有关调用图面板的其他信息请读者参考用户手册。

5.3.6.3 函数概述面板

(1) 用户还可以通过函数概述面板来查看函数的调用路径。在该面板中，用

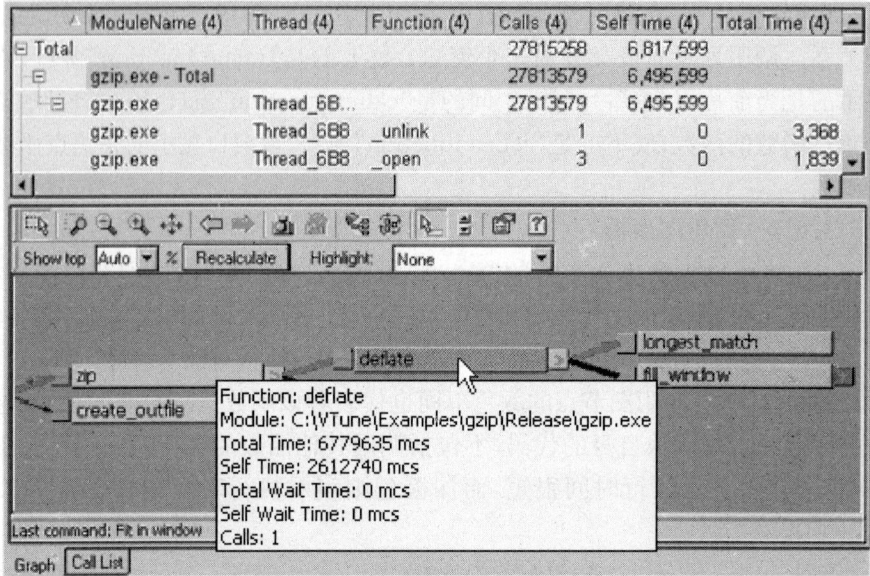

图 5.34 调用图的边或节点的信息

户还可以选择以线程、模块和函数的组合顺序来组织函数数据(见图 5.35)。同时该面板还提供了按各种时间排序的方法。详细信息请用户自行参考用户手册。

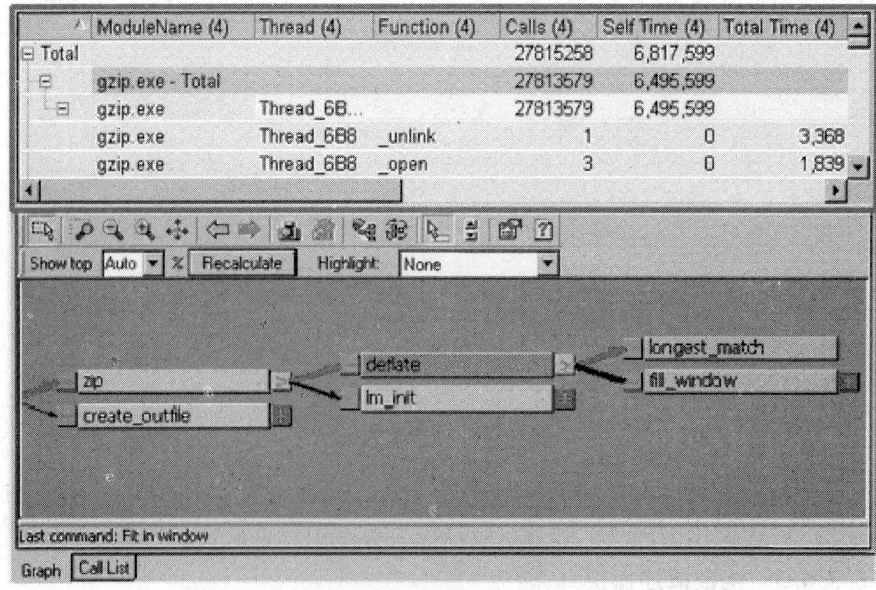

图 5.35 函数概述面板

(2) 值得一提的是，在函数概述面板中选中一个函数，在调用图面板中对应的函数节点也会被选中。假如该函数在调用图中是不可见的，用户只需双击该函数，那么在调用图中将自动显示该函数并被选中(见图 5.36)。

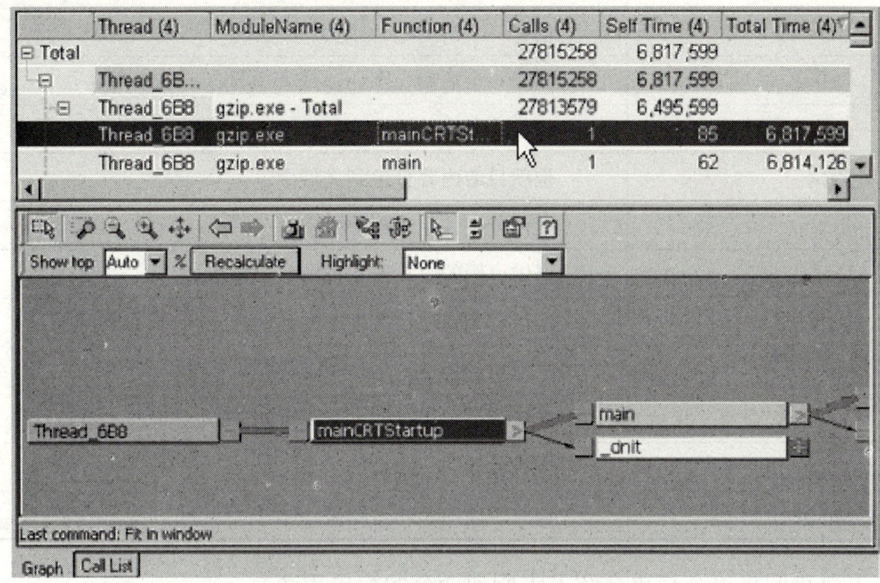

图 5.36 在函数概述面板中选中函数

5.4 命令行调用

除了图形界面之外，用户还可以通过命令行(command line)的方式来调用 Vtune 性能分析器。vtune 性能分析器通过命令行方式，使得用户能够在自己的应用程序中使用它来收集性能数据和察看结果。该命令行模式能够在一个项目中重复调用，该方法能够使用一个收集器来配置一个活动(Activity)，最后可以重复运行该活动(Activity)几次，并且比较该结果。

用户可以在命令行窗口下输入 vtl-help，就可以看到 Vtune 在命令行下应用的一些简洁总结性帮助文件。

用户还可以把命令行模式(vtl)和图形界面应用结合起来一起使用。比如，可以使用命令行的模式来收集数据，然后再导入到图形用户界面应用(GUI)下。

当前版本的 vtune 性能分析器只支持采样数据的收集。通过设置 sampling 和 view 的配置文件，用户可以收集和观察到系统级(system-wide)的数据。

下面是跟在 vtl 后的命令列表(见表 5.2)。

表 5.2 vtl 后的命令列表

Project	打开一个在图像界面下创建的项目(project)
Activity	创建一个活动(activity)
Delete	删除一个活动(activity)或者项目(project)
grobal-option	显示或者修改项目中所有活动的默认选项值
Pack	把项目的内容打包到文件中
Import	把一个文件导入到项目中
Query	提供可用的收集器和视图(views)信息
Run	运行定义在项目文件下的活动(activity)
Show	显示项目(project)的内容信息
Version	显示项目(project)的版本信息
View	查看活动(activity)的结果
Merge	合并活动(activity)结果

下面我们将逐个简单介绍上表所列命令的简单用法。

1) project

使用格式:

vtl project <-d | -default | <filename>>

这里 d 和 defaultf 都是指使用默认的原始项目作为当前项目(original default)。ilename 指的是将要打开的项目文件(.vtj)。

例如:

vtl project d:\myfile\myproject\projecttest. vtj

2) activity

使用格式:

vtl **activity** [<*name*>]

(1) [-d | -duration <#>]

(2) [-master <*name*>]

(3) [-start-paused]

(4) {-c | -collector <type>[, name][-o | -options "<*options*>"]
[-of | -options-from-file <*filename*>]}

(5) [—app | —app—to—launch <*path*>[,<*args*>[,<*dir*>]]]

(6) [—moi | —module—of—interest <*options*>]

这里的 name 指的是新建的 activity 的名称，当然此选项用户可以忽略，因为 vtune 对每一个 activity 都分配一个名字：[a]number。

duration 指的是运行 activity 收集数据的时间长度，单位为秒，这里可用具体的数字来代替<#>。这里默认值为 20。

master 选项是用来选定数据制定收集器为主收集器。

app-to-launch 选项用来指定将要分析的应用程序。

module-of-interest 选项用来指定感兴趣的模块。

例如：

vtl activity —d 30 —c sampling —app C:\WINNT\hh.exe —moi C:\WINNT\hh.exe

3) query

使用格式：

vtl **query**

(1) [—lc | —list—collectors]

o[—r | —remote <*system*>]

(2) [{—c | —collector <*type*>} {—dof | —dump—options—to—file <*filename*>}]

(3) [—lv | —list—views]

(4) [{—v | —view <*type*>} {—dof | —dump—options—to—file <*filename*>}]

(5) [—li | —list—importers]

(6) [—p | —project]

(7) [—a | —activity [<*name*>]]

list-collections 选项显示可用收集器的列表。

list-views 选项显示可用的视窗。

project 选项显示当前使用的项目文件。

activity 选项提供的是名为<name>活动的详细信息。

例如：

vtl query —a a2

4) run

使用格式：

vtl **run** [[—a | —activity] <*name*>]

例如：

vtl run - a1

5）show

使用格式：

vtl show [—a | —all]

如果没有使用 all 选项，则返回项目下的所有活动和活动的最顶层结果。加上—all 后将获得更加详细的信息。

例如：

vtl show all

6）view

使用格式：

vtl **view** [[—ar | —activity—result]<*name*>]

[*options*...]

{—dof | —dump—options—to—file <*filename*>}

<name>可使用这样的形式：activityname：：activityresultname，如果只有 activityname，将显示尽可能多的最近活动结果。

[options...]和收集器相关的视图

例如：

vtl view f1：：r1

5.5 一些高级用法

对于一般用户，只要掌握了上面介绍的知识，已经足够于一般的应用。但是，Vtune 还对一些高级用户提供了另一些高级的用法。

5.5.1 使用 Samples Over Time 功能

用户可以在 sampling view 界面中，通过点击工具栏中的“Display regular sampling view for selected time-range”按钮来切换到 Samples Over Time 视图下。使用 Samples Over Time 视图提供的功能，Vtune 性能分析器能够检查工作负载的分布和并行情况。Samples Over Time 中列出相关的数据和图表，以此说明对特定应用程序、模块或者线程收集时间数据的方式。通过观察一段时间内的线程采样数据，用户能够掌握线程消耗掉的 CPU 时间，从而能够发现工作负载的分布平衡状况，如图 5. 37 所示。

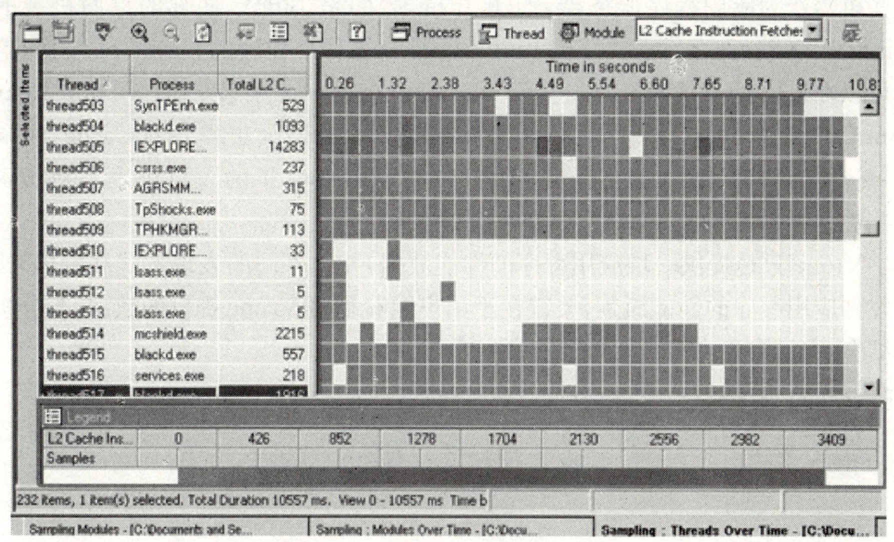

图 5. 37 Samples Over Time 视图

5. 5. 2 远程数据收集

Vtune 性能分析器提供两种工作方式：除了本地模式以外，还有一种工作方式，那就是远程模式(见图 5. 38)。在远程模式中，被分析的程序和 VTune 分别装在不同的机器上。对于远程数据收集，用户可以使用一台机器(我们称之为控制系统)来收集其他机器(我们称之为远程代理系统)上的远程数据，而这些远程代理机器有可能运行的操作系统平台各不一样，有些可能是 window，有些却可能是 linux 等，这时我们只需在这些平台上安装适用于该平台下的 Vtune 远程代理收集器，并

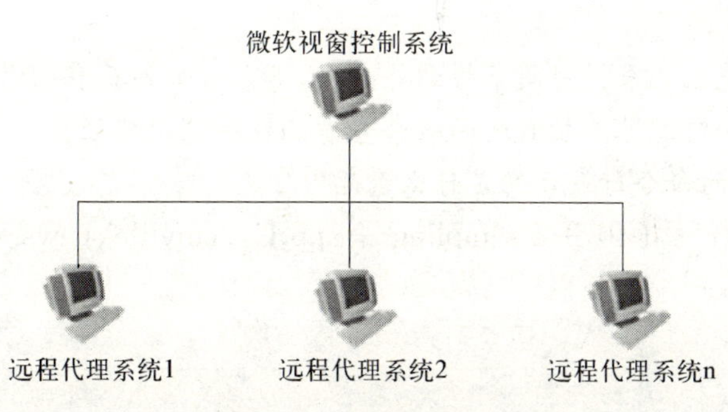

图 5. 38 远程数据收集

把代理机和控制机使用网络连接起来即可。比如,你们这里有很多的 SMP 机器,这些机器作为应用程序服务器,24 h 开机,装的是 Linux,而你的桌面机装的是 Windows XP。现在你需要分析 Linux 机器中的一个程序的 Cache miss 率,这时你可以在自己的桌面机上装上 VTune,然后在 Linux 中装一个 VTune Remote Data Collector(RDC)。让 RDC 负责在 Linux 机器中采集程序的 Cache Miss 数据,然后送到 Windows 下的 VTune 程序,而 Windows 下的 VTune 程序则负责将这些数据显示出来。

Vtune 只是提供一堆应用程序的性能数据,并以不同的表现形式展示出来,能否找到应用程序的性能瓶颈,关键在于用户能够利用 Vtune 提供的数据,与分析工具结合,自己有思考分析,才能得到结论。

习　题

(1) Vtune 性能分析器显示的性能数据有几种形式?

(2) 列出使用 QPA wizard 创建 Project 和收集性能数据信息的步骤,并且在自己的电脑上按步骤操作一遍。

(3) 如何得到计数器视图? 在导入数据视图中,不同颜色的线条代表着什么? 该如何解读这些曲线条的含义? 从哪个窗口可以得到这些曲线的辅助信息?

(4) Summary data 视图提供的是什么数据,怎样获得 Summary data 视图?

(5) 怎样获得 intel 优化帮助(the intel tuning Assistant)?

(6) 采用数据信息收集器有几种收集数据信息的机制? 分别是什么?

(7) 采用视图(the sampling view)下提供了几种察看不同层次上细节的视图? 这几种视图直接的关系是怎样的? 试通过组合应用这些视图来分析一个应用程序的热点。

(8) 假设先已从采样视图下得到热点块,那么该如何获取它对应的源代码呢?

(9) 用户如何通过函数概述面板来查看函数的调用路径?

(10) 下面的命令行表示的是什么意思?

Vtl activity －d 40 －c sampling －app C:\myfile\news. exe －moi C:\myfile\news. exe

6 面向 IA－32 架构的性能优化

前面介绍的一些优化技术大部分适用于所有的 Intel® 64/IA－32 系列处理器，但是不同的处理器具有不同的特性，本章针对 Intel® 64/IA－32 体系结构的处理器的优化操作，首先介绍目前比较主流的两种的 Intel 体系结构：Netburst 和 Core 微内核；接着介绍缓存是如何组织的，如何更有效地利用缓存；然后介绍单指令多数据流 SIMD 扩展，如何通过自动矢量化来利用 SIMD 扩展提高应用的性能；最后介绍 Intel 性能库 MKL 和 IPP。

6.1 Intel® 64/ IA－32 体系结构

6.1.1 体系结构基础

通过高级语言比如 C 编写的代码经过编译之后会生成可以通过处理器执行的机器代码。当然，由于机器代码是一些具有特殊含义的数字，非常晦涩难懂，因此在进行底层的程序设计时一般会采用汇编语言，再把汇编语言解释成机器代码或者微指令。Intel 的 IA－32 指令集属于复杂指令集 CISC，包含多达三百多条指令，完成数据传输、算术运算、移位、控制结构、浮点运算等功能，这种架构使得可以用最少的机器指令完成所需的计算任务。不过，由于各种指令的使用频率相差悬殊，大约只有 20％的指令会被反复使用，而其他指令则很少被使用，而且不同的指令的执行时间也各不相同，如果不作特殊的处理把所有指令都看成一样，会导致执行单元的资源没有得到有效的利用。精简指令级 RISC 采用了一个优化过的比较小的指令集，采用固定长度的指令格式，能够极快地执行每一条指令，便于流水线操作的执行。指令的执行大量使用寄存器，减少了存储访问的开销。虽然 RISC 的执行效率非常高，但是，由于采用精简的指令集，编写出来的机器代码会比较长，执行任务所需要的资源也会更多。现在 RISC 机型与 CISC 机型的差距在不断减小，

RISC 机型中越来越多地增加了能够在几个时钟周期内就能执行的指令，同时在体系结构上的优化也使得高级语言更为有效。IBM 的 Power 处理器、Sun 的 Sparc 等都属于 RISC。Intel 处理器从 8086 开始，考虑到系统的兼容性，一直采用 IA-32 指令集，同时在处理器的实现中引入了 RISC 的思想，把 CISC 和 RISC 两者结合起来，既保存了 CISC 中可以用较少的机器代码来完成复杂的任务使汇编编程比较方便的优点，同时也通过引入微操作和支持指令级并行的极深流水线技术来提高处理器的性能。

在程序执行过程中，处理器首先要从内存某个地址单元中取出要执行的指令，然后分析指令以控制处理器各个部件的操作。如果指令需要，从内存中取出所需的操作数，根据指令译码的结果，向各个部件发出相应控制信号，完成指令规定的各种操作。最后，如果需要保存计算结果，则把结果保存到指定的存储器单元中，然后取下一条指令继续上面的操作。如果采用这种串行的处理方式，即便在执行操作时取指令部分空闲，每个指令都要经过上面的周期导致的延迟，因此处理器一般都会采用流水线工作的方式。

从图 6.1 中可以看到，每个指令需要五个阶段，假设每个阶段需要的时间都是一个时钟周期，如果采用串行方式，那么每个指令的执行时间 CPI(Cycle Per Instruction)

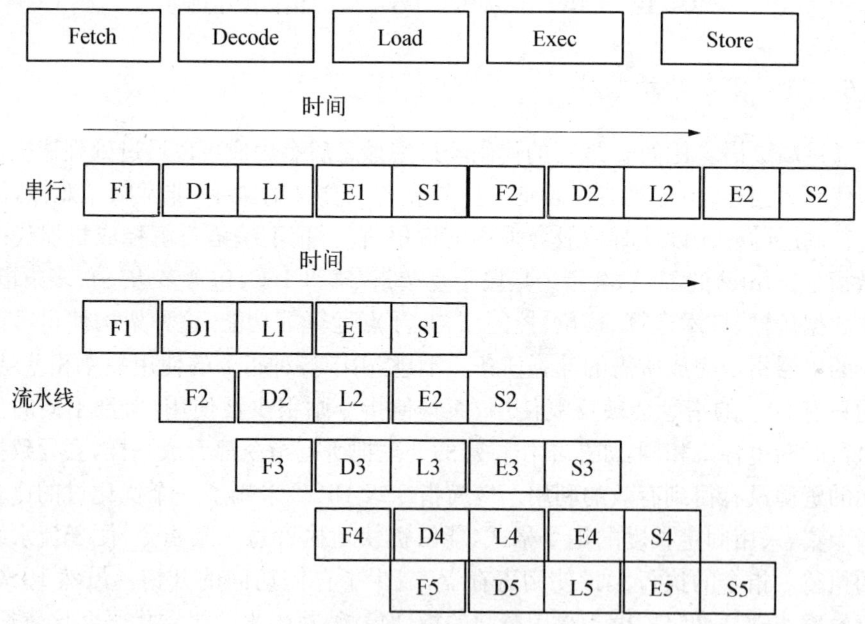

图 6.1 流水线机制

需要五个周期。但是，在流水线满之后，每个时钟周期执行完成一条指令，也就是说理想情况下的 CPI 为 1。当然，实际情况下的 CPI 受到其他情况的制约，比如，指令之间可能会存在数据依赖，后面的指令可能要读取前面指令中所保存的数据，因此后面的指令必须等前面指令完全执行完才可以开始，可能会出现分支指令，在执行到分支指令之前无法知道会跳转到什么地方；读取操作数时，该数据在缓存和在内存中的访问延迟会大不相同。所以一个处理器的性能与理想情况下的 CPI、导致流水线停滞的因素以及时钟周期有关：

$$性能=\frac{1}{执行时间}=\frac{1}{指令个数*(CPI_{理想}+CPI_{停滞因素})*时钟周期}$$

从上面的公式可以看到，要提高处理器的性能，可以采取下列方法：

(1) 更高的时钟频率，原来的 5 级流水线进一步分解细化变为更深的流水线。

(2) 提高理想情况下的 CPI，即流水线中可以同时执行多条指令。

(3) 降低停滞因素的影响，采用乱序执行方式，即在不会出现数据依赖的前提下打乱指令执行的顺序，不同的指令通过不同的流水线处理，采用分支预测机制来消除分支带来的停滞等。

由于每个操作完成的任务不同，整数运算一般在一个时钟周期就可以完成，但是浮点操作、内存访问等则需要更长的时间，如果这些操作仍然放在一个阶段执行，那么这个阶段的时间就必须容纳最长的指令，这样时钟周期就受到限制，因此现在的处理器一般会把原来的五个阶段进一步细化成更多的阶段，比如浮点加法执行要两个阶段，浮点乘法可能要占三个阶段。图 6.2(b)给出了一个极深流水线的例子。

另外一种方法称为超向量流水线技术，如图 6.2(c)所示。其基本思想是在每个时钟周期可以执行多条指令，原来的取指令阶段每个时钟周期取一条指令，现在可以同时取一条整数和浮点指令，或者可以取四条任意的指令。同样，编码阶段、执行阶段也能够在同一个时钟周期处理多条指令，理想情况下的 CPI 就会从原来的 1 变为现在的 N。

由于 IA-32 指令集的指令长度、格式与定址模式都相当复杂，为了简化流水线的设计，Intel® 64/IA-32 处理器采用将 IA-32 指令解码成一个或多个固定长度和格式、类似 RISC 指令形式的微指令(Micro-Op)的设计方法。大多数指令会被指令译码部件转成 1～2 条微指令，比如整数加减，而乘法、浮点、间接寻址运算则会生成较多的微指令。多条指令解码成多个微指令之后，并不一定就必须按照指令顺序执行，只要这些微指令之间没有数据依赖，属于后面指令的微操作可以放在前面乱序执行，也正是通过这种指令级并行的策略，使得流水线的性能可以得到进一步的提升。

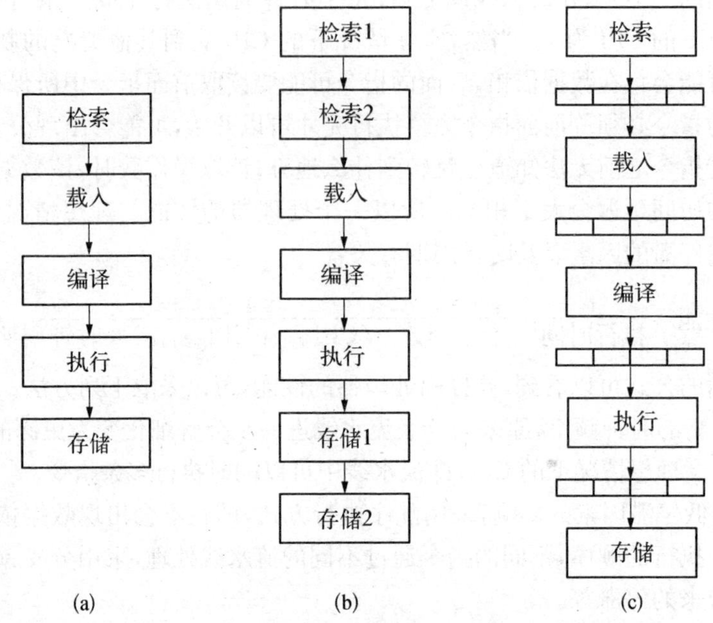

图 6.2　流水线机制的改进

(a) 五阶段流水线　(b) 极深流水线　(c) 超向量流水线

微指令通过流水线执行时，最为重要也是花费的时间或者阶段最不相同的部分就是微指令的执行部分，简单的整数运算、整数乘法、浮点运算、内存访问操作都会经历不同的延迟或阶段，因此，可以把执行部分分割成多个流水线，不同的微指令沿着不同的流水线来执行，这样使得那些慢的微操作比如浮点运算的执行不会影响整数运算的执行，如图 6.3(a)所示。

采用支持乱序执行的极深超向量流水线设计的一个关键问题是在出现分支指令时，流水线会陷于停滞状态，因此，现在处理器的设计一般会引入分支预测机制，在遇到分支指令时会预测将要跳转的分支，并且把跳转的分支部分的指令读取到指令缓存进行解码后进入流水线，如果预测的分支是不正确的，那么流水线清空，然后重新读取正确的分支，跳转到的指令并执行。如果分支预测正确，则流水线不需要停滞，显然分支预测错误带来的开销是非常大的，一个好的分支预测算法对于处理器的性能至关重要。

6.1.2　Netburst 体系结构

自从 Intel 在 1978 年推出 16 位的 8086 处理器以来，PC 机的发展非常迅速。

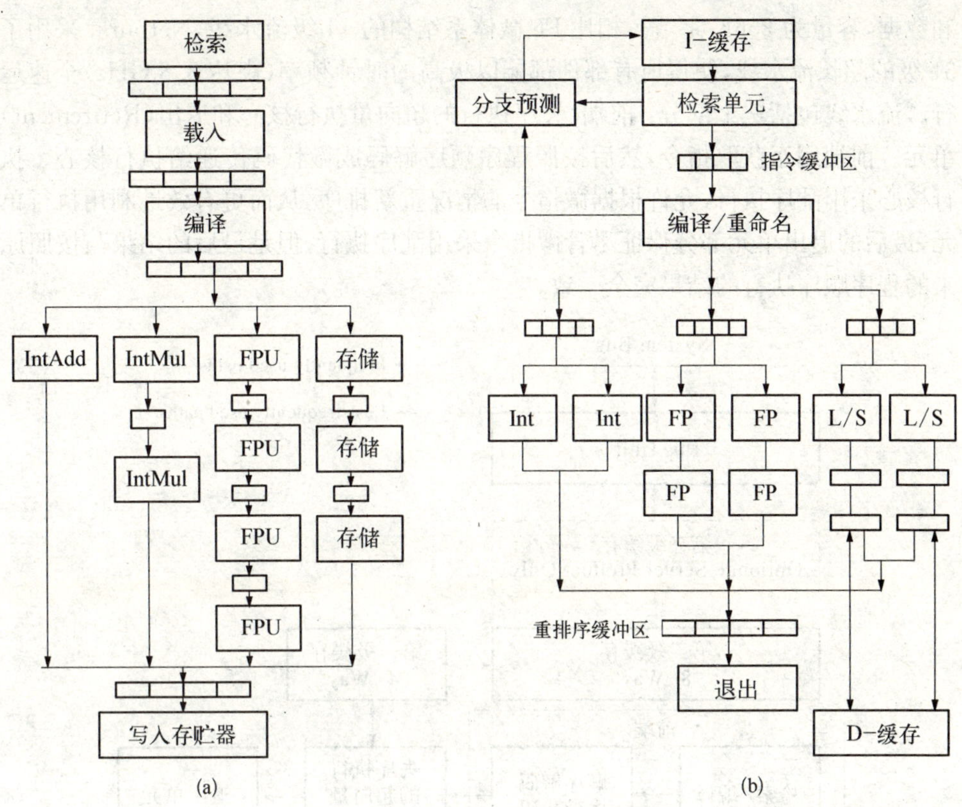

图 6.3 流水线机制的改进(续)

(a) 执行单元展开的流水线 (b) 乱序执行的超向量处理器设计示例

1985 年 10 月,Intel 推出了 32 位的 80386 处理器,采用了比 8086 更先进的流水线结构,能高效、并行地完成取指、译码、执行和存储管理功能,指令预取队列从 8086 的 6 字节增加到 16 字节。1993 年, Intel 发布了第一代 Pentium 处理器;1995 年, Intel 推出了 Pentium Pro 处理器,引入了微体系结构的概念,采用了一个支持 12 级的 3 路超标量流水线机制来支持乱序指令执行,引入了动态数据流分析、分支预测和推测执行机制,支持 L1 和 L2 缓存,之后的 Pentium 2、Pentium 3 和 Pentium 3 Xeon 等处理器都采用 P6 微体系结构;2000 年,Intel 发布了 Pentium 4 处理器,采用了 Netburst 体系结构;2006 年 7 月,Intel 发布了采用 Core 微体系结构的新一代处理器 Core 2 duo 微处理器。

图 6.4 为 Netburst 体系结构示意。Netburst 体系结构最多支持 3 级缓存,其中第三级缓存是可选的。P4 处理器中的第一级缓存包括一个容量 8K 字节的 L1 数据缓存和可以容纳 12K 微指令的指令缓存或者 TC,第二级缓存可以保存指令

和数据，容量为 256K 字节。相比 P6 微体系结构的 14 级流水线，Netburst 采用了 31 级的超长流水线，使得所有部件都能以极高的时钟频率（高达 3.8 GHz）全速运行。流水线包括三个部分：前端、失序执行的超向量执行核心和退出（Retirement）单元。前端用于获取指令，然后按照程序顺序解码成微代码传递给执行核心。执行核心采用乱序执行，允许根据微指令的情况重新排序，从而更有效地利用执行单元，最后的退出单元部分保证尽管微指令采用乱序执行，但是最后的结果与按照原来的程序顺序执行的结果完全一致。

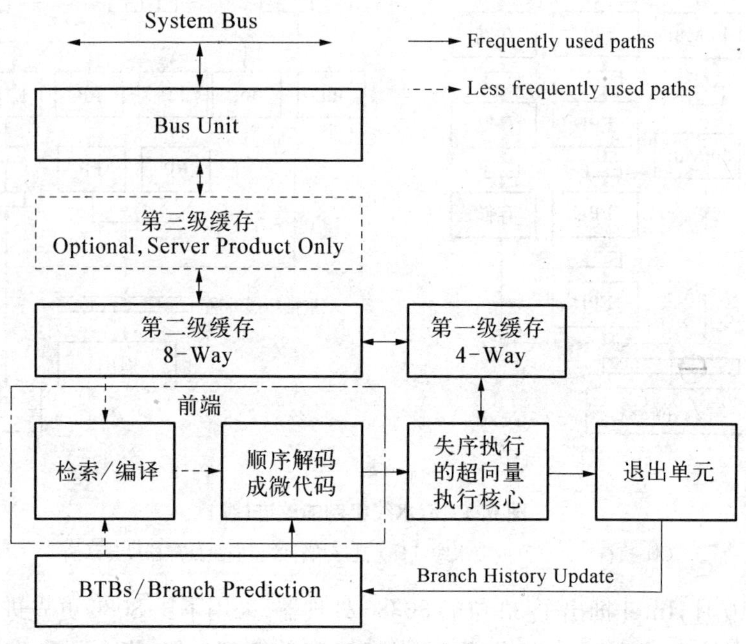

图 6.4 Netburst 体系结构

前端包括预取（Prefetching）、指令解码、执行跟踪缓存（Execution Trace Cache）和分支预测等。由于考虑到数据访问和指令执行的时间和空间本地特性，在访问内存中的数据并不是只读取要访问的那个数据，而是读取包括该数据在内的相邻部分。同样，在读取指令时，也不是一条一条指令读取的，而是把那些可能要连续执行的指令也读取进来。Netburst 支持三种预取机制：一个是把数据和指令预取到 L2 缓存中的硬件预取；另外一个是在分支预测的帮助下获取那些可能要跳转到的指令的自动硬件指令预取；最后一种是通过硬件或者软件预取把数据读取到 L2 缓存中。

Netburst 中有一个解码器用于把 IA-32 指令解码成多个微指令，每个时钟解码最多一条指令。由于IA-32采用CISC,支持的指令非常多,但是只有部分指令是经常使用的,Netburst的前端专门对此进行了优化,引入了一个执行跟踪缓存保存解码后的微操作,TC可以最多保存12K微操作,并且每个时钟周期可以从中取出三个微操作到执行核心。注意:并不是所有的指令都会放入TC中,只有那些经常使用的指令解码后才会放入,而一些复杂的指令则通过微代码ROM中读取。

前面介绍过分支预测失效对于极深流水线机制的性能影响非常大,Netburst的分支预测采用动态预测机制,可以根据分支执行的历史信息来预测接下来的分支跳转,从而可以把那些指令预取到缓存中并进行解码,进入到执行核心。

由于执行核心采用乱序执行的方式,并且那些预测到的分支也会放入流水线来执行,Netburst把微指令的调度和执行与最终结果的提交分离开来,同时引入了一个寄存器文件来保存那些暂时执行的结果。执行核心在从指令缓存区或者微代码ROM中取得微指令后,首先为微指令分配资源以及把寄存器重命名为微结构寄存器,以消除那些影响指令并行的"假"的数据依赖,然后这些微指令分别放到整数/浮点微指令与存储微指令两个队列中。接下来,调度器从队列中选取那些已经准备好的微指令,分发到一个或者多个发射端口(issue port),然后进一步分发到这些发射端口对应的执行单元。调度器每个时钟周期可以分发多达六条微指令。大多数执行单元可以每个周期执行一条微指令,另外有些算数逻辑单元ALU可以每个周期执行两条微指令,而大部分浮点运算则每两个周期执行一条微指令。在采用Netburst结构的P4处理器中,发射端口与七个执行单元的某个或者某些相连,其中三个单元执行整数数学运算,两个单元执行浮点数学运算,一个单元执行内存载入操作,一个单元执行内存写入操作。

执行完之后的微指令放入重排序缓存区ROB(Reorder Buffer),退出单元从中查找具有如下特征的指令并将其对应的微指令移出ROB:该指令所包含的微指令都已标记为完成,而且它前面的指令已经退出或者已被标记为退出。在移出ROB的同时,完成一条指令的执行,包括把原来的执行结果提交到寄存器和L1数据缓存中,更新永久的机制状态,通知处理器的其他阶段一个分支是否预测错误,更新分支预测历史,如果有异常发生,则抛出对应的异常等。退出单元保证指令总是按照它们进入前端的相同顺序来退出,从而使得尽管执行核心部分采用乱序执行,但是都会产生与按照程序顺序执行一致的结果。每个时钟周期最多可以退出三条指令。

6.1.3 Core体系结构

Netburst采用了31级的超长流水线,使得所有部件都能以极高的时钟频率

(高达 3.8 GHz)全速运行,但是高时钟频率也使得功耗过高、散热困难的问题随之而来,要想进一步通过提升时钟频率来提升性能变得得不偿失,与此同时,Intel 的移动平台却在功耗和性能方面都有良好的表现,在这两者的基础上,Intel 推出了同时具有高性能和低功耗的新体系结果——Core(酷睿)微体系结构。

图 6.5 为 Core 微体系结构的流水线结构,与 Netburst 类似,它包括一个在序的解码前端、失序的执行核心和一个在序的退出单元。Core 取消了一味地提高时钟频率的做法,而是将流水线缩短为具有较高效率的 14 级,这样可以避免一旦分支预测失败或者缓存不中的话所耽误的延迟时间越长。

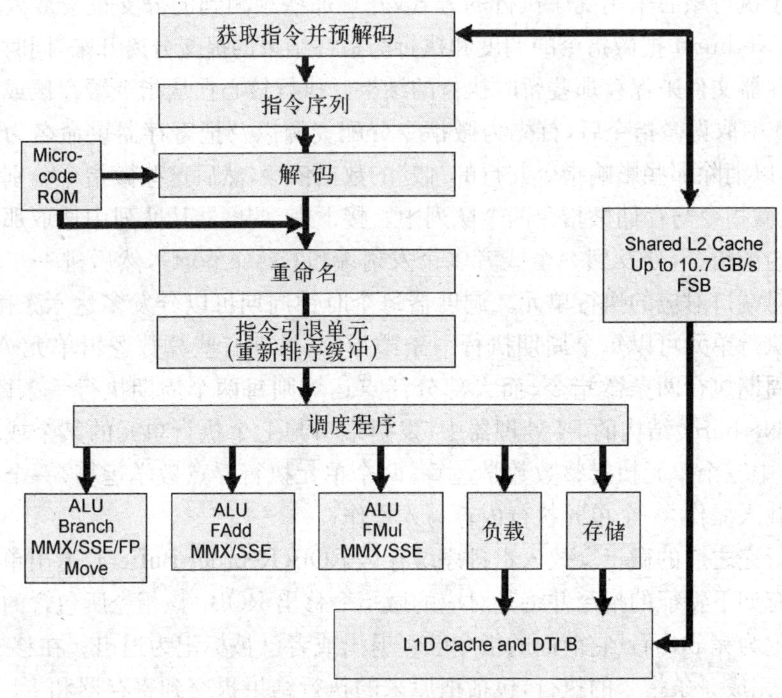

图 6.5 Core 体系结构的流水线

前端的第一个阶段是预取最有可能即将执行的指令到指令预取缓冲区或者指令缓存中,然后每次从指令缓存中取 16 个字节进行预解码,预解码主要分析指令的长度以及标记指令的一些属性(比如是否分支指令等),然后将预解码的指令放入指令队列中,预解码单元每个周期可以解码六条指令。指令队列最多可以容纳 18 条指令,Core 引入了一个循环流检测器 LSD(Loop Stream Detector),特别针对那些小于 18 条指令的小循环进行优化。

Netburst 的解码单元采用跟踪缓存保存解码后的微指令,每个周期只能生成三条微指令，而 Core 拥有四组解码单元，每个周期可以解码五条（宏/CISC）指令，生成最多七条微指令，其中三个简单解码单元用来处理对应一条微指令的简单 X86 指令，而一个复杂解码单元用来处理对应四条（或少于四条）微指令的复杂 X86 指令。简单解码单元可以对 128 bit 的 SSE 指令进行解码。如果遇到非常复杂的指令，复杂解码单元可以借助旁边的微指令代码只读存储器（Micro-Code ROM）和微指令序列（MicroSequencer），Microsequencer 每个周期可以提供三条微指令。解码单元支持微指令融合、宏（指令）融合和堆栈指令跟踪等功能。其中宏融合指的是把两条（宏/CISC）指令合成一条微指令，当处理器处于 32 bit 工作模式时，每个时钟周期可以进行一次宏融合，这也正是为什么 Core 微体系结构只有四个解码单元而每个周期最多可以解码五条指令的原因。微指令融合技术则是把来自同一个指令的多个微操作合并成一个复杂的微指令，从而降低了后端执行单元的压力，提高了指令的执行效率。因此，在内部执行单元资源有限的前提下，减少微指令的数目就等于单位时间内增加了处理指令的数目。而堆栈指针跟踪是特别针对那些会对堆栈指针更新的用于函数调用和返回过程中的指令，如 PUSH、POP、CALL、LEAVE、RET，取消了原来隐式附加的更新指针的微操作。

Core 体系结构前端的改进还包括分支预测单元。除了 Netburst 中用到的分支预测策略外，还引入了两个新的预测单元循环流检测器 LSD 和间接分支预测器 IBP（Indirect Branch Predictor），其中 LSD 前面已经介绍过，而 IBP 可以基于全局的历史信息做出预测。Core 微架构在分支预测方面不仅可以利用所有这些预测单元，还增加了新的特性：在之前的设计中，分支转移总是会浪费流水线的一个周期；Core 微架构在分支目标预测器和取指单元之间增加了一个队列，在大部分的情况下可以避免这一个周期的浪费。为了提升分支预测的准确性，分支预测器的预测深度增加到 20 字节（Netburst 为 4 字节）。

Core 的执行核心也和 Netburst 类似，支持乱序执行，来自前端的微指令首先分配资源和进行寄存器重命名来消除假的数据依赖，将这些微指令放入重排序缓冲区中，并且更新对应的标记，同时这些微指令放入容量为 32 的预约站 RS（Reservation Station）进行排队以等待微指令的操作数就绪后，然后通过六个发射端口分发到相应的执行单元。每个时钟周期可以从预约站中选取发射最多六条指令。

退出单元和 Netburst 类似，从重排序缓冲区选取那些已经完成的 IA-32 指令，然后更新相应的硬件状态，移出流水线，抛出异常等，每个时钟周期可以退出四条微指令。

Core 体系结构采用共享二级缓存设计，每个内核拥有 32 KB 的指令缓存、

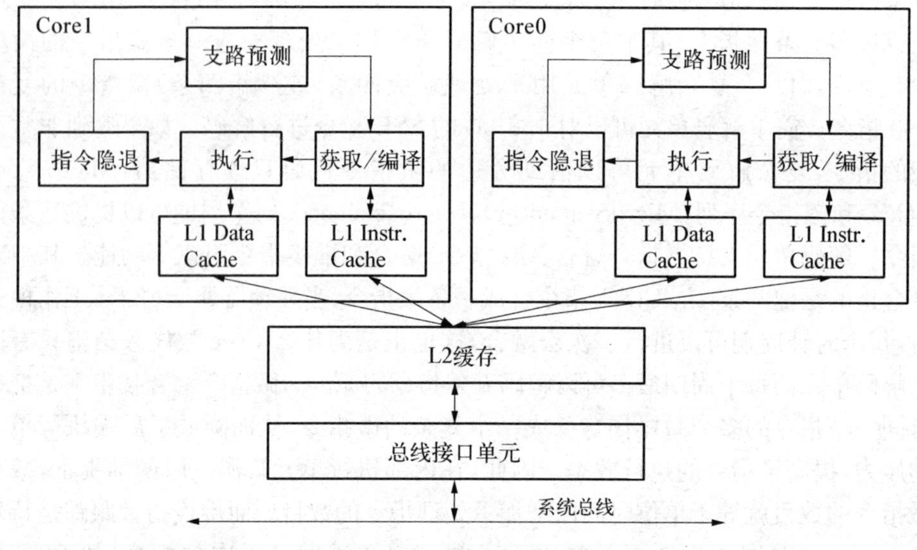

图 6.6 Core 体系结构缓存

8way 32 KB 的 L1 数据缓存，然后两个内核共享一个 16 way 4 MB(低端产品为 8way 2 MB)的二级缓存。一级缓存和二级缓存的总线位宽都是 256 字节，一级缓存与二级缓存都采用些写回(Write Back)的存储方式，以 64 字节为存储单位。两个核心的一级数据缓存之间有一条附加的数据通路，使得两个核心可以直接交换一级数据缓存中的数据。注意 NetBurst 微体系结构的一级缓存采用“写直达”Write Through 的存储方式，以 64 字节为存储单位，二级缓存采用“写回”Write Back 的存储方式，以 128 字节为存储单位。

Core 体系结构引入了新的内存相关性预测(Memory Disambiguation)技术。所谓内存相关性预测，指判断两个内存操作(通常是一个 load 操作与一个 store 操作)是否针对同一个内存地址的过程，也就是判断是否会发生内存混淆现象的过程。如果这两个操作针对不同的内存地址，那么它们就可以乱序执行。在 Netburst 体系结构中采用保守的规则，比如，如果存在内存地址未知的 store 操作，则考虑到该内存地址可能和 load 的内存地址相同，则之后的 load 操作不能提前执行。但是研究表明，实际发生内存混淆现象的概率非常小，因此，Core 体系结构采取了更加激进的方法，加入了一个动态的内存相关性预测器，根据历史信息来预测 load 操作的移动是否可行，如果预测错误再进行修复。

Core 体系结构还加入对 EM64T 与 SSSE3 指令集的支持。支持增强的电源管理功能。支持硬件虚拟化技术和硬件防病毒功能。内建数字温度传感器。还可提供功率报告和温度报告等，配合系统实现动态的功耗控制和散热控制。

6.2　针对流水线处理的优化

上面我们介绍了目前比较常用的两种 Intel 微体系结构 Netburst 和 Core，对于处理器体系结构的基本了解，有助于明白什么样的优化能够起作用及其起作用的原因，同时也有助于如何针对特定的处理器进行优化。

6.2.1　指令选择

IA－32 指令集属于 CISC，不同的指令执行速度各不相同。一般一个指令的速度可以通过它的延迟（Latency）和吞吐量（throughput）来衡量。指令延迟指在该指令的输入已准备好并开始执行时完成一条指令所需要的时钟周期数，比如，整数乘法在 P4 处理器上有 9 个时钟的延迟。而指令吞吐量指在开始执行另外一条相同的指令前处理器必须等待的时钟周期数，显然指令吞吐量要小于或者等于指令延迟。整数乘法的吞吐量为 4，这也意味着尽管一个乘法指令需要 9 个时钟才能完成，但是每 4 个时钟就可以执行一条新的乘法指令。在知道指令的延迟和吞吐量之后，在实际编写代码或者选择算法时就可以采取那些需要的时钟周期最短的方法。每个指令的延迟和吞吐量可以查阅 Intel 的 IA－32 Intel 体系结构优化参考手册。

6.2.2　分支预测

分支由于打乱了指令流的顺序，对于流水线的影响非常大，因此，处理器一般都会由分支预测算法来尽量避免错误预测分支带来的流水线的停滞。分支包括两大类：条件分支和无条件分支。条件分支指的是根据执行的结果跳转到不同的地方，比如 C 语言中的 if/循环语句等一般会产生条件分支，而无条件分支则总是跳转到某个地方。无条件分支进一步又可分为直接跳转和间接跳转。所谓直接跳转指这个位置是预先知道的，比如调用某个函数或者从函数体中返回。而间接跳转则只有在执行到时才知道跳转到哪里，比如，通过函数指针来调用或者跳转表等。如果一个分支最终被执行到，那么我们称这个分支属于采纳分支（taken branch），如果没有被执行到，则称为无采纳分支（untaken branch）。在下列的代码中，前面 3 行为条件分支，第 4、第 5 行为直接跳转无条件分支，最后 2 行为间接跳转无条件分支。

```
if ( a > 0) b= 1;
for (i=0; i<10; i++) {loop body here;}
```

```
(a>b)? a: b
update(i);
return (1);
void (*fp)(int i); fp =f1; f1(i);
switch (i) { case ... }
```

分支预测实际上就是预测哪个分支是taken,哪个分支是untaken,同时也预测分支要跳转到的目标地址。采用Netburst的P4处理器使用分支目标缓冲区BTB(Branch Target Buffer)和分支历史来预测分支的结果即跳转的方向和目标,BTB存放所要预测分支的所有可能的目的地址以及历史信息,分支跳转指令在退出流水线时会更新BTB中的信息。如果动态预测无法进行,也就是说在BTB中没有历史纪录时,则采用静态分支预测。在静态预测中,后向分支作为taken分支,而前向分支为untaken分支。注意到一个函数可能会在多个地方被调用,这样当从函数返回时,可能会跳转到多个目标,P4处理器利用函数返回堆栈RSB(Return Stack Buffer)来进行预测。每次调用函数时,返回地址被压入到堆栈缓冲区中,当执行返回语句时,堆栈原来压入的返回地址号会被弹出作为分支预测的地址,但是堆栈是有限的,只能容纳16项,如果程序的调用栈的深度超过16,则可能由于返回栈溢出导致分支预测失效。

Core体系结构除了Netburst中的分支预测机制外,还增加了循环检测器和间接分支预测。在循环中,出口分支只有在循环退出后才会被taken,而在循环过程中都是untaken。这样,原来的动态预测机制一般会预测错误循环出口分支,循环监测器可以通过跟踪循环执行的次数来正确预测循环的结束。间接分支由于有多个分支目标,从而使其与直接分支或者条件分支相比更加难以预测。间接分支预测与BTB动态预测类似,记录所有间接分支跳转的目标的历史信息,然后根据这个全局历史信息来预测可能跳转的目标分支。

从上面的描述可以看出静态分支预测一般只是在分支第一次执行时用到,而后面分支再次执行时可以进行动态预测,因此分支优化时一个很重要的原则是使分支更加容易被预测,然后是根据静态预测算法使得频繁执行的路径为fall through路径(比如if语句中紧跟if条件的代码块)。为了使返回栈预测能发挥作用,应尽量使呼叫/返回能够匹配,避免使用太深(超过16)的函数调用,比如将那些递归调用转换为迭代方式。为了使循环监测能够发挥作用,大的循环体可以通过循环分割优化把循环体分割成不超过18条指令的小循环体,在进行循环展开时,应避免过度展开以至于循环体超过18条指令等。

要使分支更加容易被预测,有时候简单地修改一下代码就可以了。考虑下面代码：

```
if (t1 == 0 && t2 ==0 && t3==0)...
```

t1、t2和t3取值为随机的，或者是1或者是0，因为0的概率为50%，因此上述if语句中的3个条件分支都是随机的，每个分支都不具有良好的可预测性。但是我们可以转换代码，利用比特运算的特性只需要通过一个条件分支即可实现：

```
if ((t1 | t2 | t3)...
```

现在这个分支为真的概率是0.125，而为假的概率是0.875，从而更加适合于进行动态分支预测，具有较好的分支预测成功率。

既然分支预测失效带来的性能影响非常大，如果有可能通过修改代码消除分支，或者通过SETCC/CMOV消除那些不可预测的条件分支。考虑下列代码：

```
for ( i =0; i< 100; i++)  {
    if (( i &1) == 0)
        a[i] = x;
    else
        a[i] = y;
}
```

上述代码可以转换为：

```
for ( i =0; i< 100; i+=2)  {
    a[i] = x;
    a[i+1] = y;
}
```

考虑 z = x < y ? x : y，采用Intel编译器编译之后的汇编代码为：

```
    mov eax, [x]; Load x value.
    mov ebx, [y]; Load y value.
    cmp eax, ebx; EBX <= EAX ? CF = 0 : CF = 1
    jl  L1
    mov eax,ebx
L1:
    mov [z], eax;   save min(X,y)
```

但如果采用针对处理器的优化，比如采用/QxT选项编译之后的汇编代码，把原来的条件分支通过CMOV指令来代替，则完全消除了分支：

```
    mov eax, [x]; Load x value.
    mov ebx, [y]; Load y value.
```

```
cmp eax, ebx; EBX <= EAX ? CF = 0 : CF = 1
cmovnc eax, ebx; EAX = (EBX <= EAX) ? EBX : EAX
mov  [z], eax; Save min(X,Y).
```

注意：Core 体系结构支持宏融合。宏融合要求第一个指令是 CMP 和 TEST 指令，但是 CMP 只有和部分条件跳转指令融合，而 TEST 则可以和所有条件跳转指令融合。因此，在使用条件语句时最好采用和 0 比较，从而使得宏融合成为可能，执行速度也会要快一些。比如 if (a >=0)的汇编代码中，Test 和 jl 两个语句可以进行宏融合：

```
    test a,a
    jl L1
    …
L1:
```

6.3 缓　存

6.3.1 缓存基本原理

虽然内存的速度和容量与 10 年之前相比有了很大的增加，但是相比处理器的速度，内存的速度非常慢。当应用要访问内存中的数据时，必须等待内存中的数据载入，从而导致流水线的停滞，使内存成为性能的瓶颈，那些大的应用或者要处理大量数据的应用的性能可能会受限于内存的访问。现代的处理器引入了缓存的策略来改善内存访问的延时。缓存是建立在空间和时间局部性的原理之上的。所谓空间局部性指的是应用在访问地址 x 的数据时，下一次或者不久的将来将要访问的数据的地址很有可能是和它相邻的地址(比如说 x+1)。时间局部性指的是应用在访问某个数据时在不久的将来可能会再次访问这个数据。考虑下面的代码：

```
for (i =0; i<MAX; i++)
    sum += array[i];
```

第一次循环访问 array[0]，接下来的循环会访问其后面的地址上的数据 array[1]、array[2]…，即对于数组的访问具有空间的局部性，而每次循环 sum 会加上数组元素，显然 sum 的访问具有时间局部性。除了访问数据的空间和时间局部性之外，指令获取也同样具有空间和时间局部性。指令一般都是顺序执行的，上面的循环语句就是一个例子，而每次循环都相当于再次执行循环体对应的指令，这又表现为时间局部性。

现在的内存技术具有不同的访问速度和访问延迟，访问速度越快，价格也越高，支持的容量也会越少。同时考虑到空间和时间的局部性，要访问的数据和指令一般是连续的，因此可以把那些最近可能要访问的数据一次加载到访问速度更快的缓存中，这样原来要直接访问比较慢的主存现在只需要访问速度较快的缓存，从而可以大大提高内存的访问性能。现在的处理器一般支持两级缓存，少数处理器支持三级缓存。图 6.7 给出了内存访问的层次结构，程序使用的内存数量受限于处理器的最大地址空间。比如，对于 P4 处理器而言，最大地址空间为 4 GB，不过一般机器的内存可能没有 4 GB，这个时候就通过虚拟内存和物理存储来实现。当要访问的内存空间不在主存时，把在主存中的某些页存储到物理存储中，然后从物理存储中把对应的页面加载进来，虚拟内存就是通过页面的存储和加载来实现的。寄存器有的时候又称为 L0 缓存，因为它的访问速度最快，从寄存器、L1 缓存、L2 缓存、主存直到虚拟内存，访问速度变得越来越慢，支持的容量也变得越来越大，但是价格也会越来越便宜。采用 Netburst 体系结构的 P4 处理器的 L1 缓存为 4－way 8 KB 或者 8－way 16 KB，而 L2 缓存为 8－way，容量从 256 KB 直到 2 MB；而 Core 体系结构中 L1 缓存为 8－way 32 KB，L2 缓存为 8－way 2 MB，或者 16－way 4 MB，缓存行都为 64 B。一般 L1 缓存访问的速度和寄存器的速度类似，只有 2～3 个时钟周期，而 L2 缓存则可能需要十几个时钟周期。

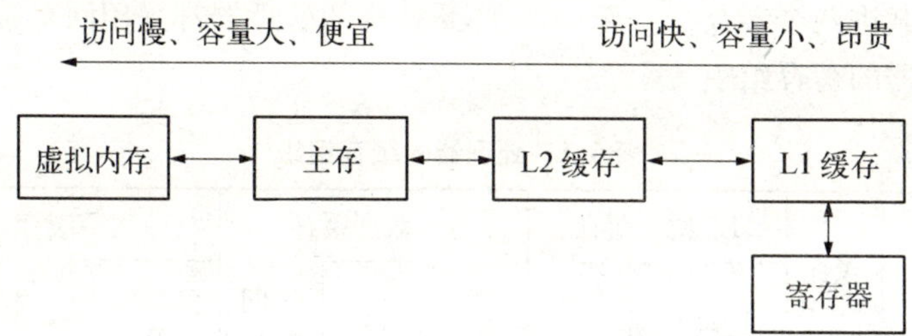

图 6.7　内存层次结构

要更好地理解影响内存访问的性能因素，需要知道到底是如何向缓存中读取和写入数据的。缓存读写数据的最小单位被称为缓存行(Cache Line)，大小从 32 B 到 128 B 不等。缓存由许多缓存行来组成，每个缓存行会包含三个字段：第一个字段表示当前缓存行的数据是否有效；第二个字段称为标记字段，表示当前缓存的数据是主存中哪一块的数据；最后一个字段就是对应的那块数据。当应用程序访问一段内存时，无论读或者写数据，处理器首先要检查该数据是否已经在缓存中，这可以通过比较缓存行的标记字段来进行。如果数据在缓存中，则称为缓存命中

(Cache Hit),这时处理器可以直接从缓存行中读写数据或者把数据写入缓存中。在访问数据时,缓存命中的比例称为命中率,用来衡量缓存的效率。如果数据不在缓存中,则称为缓存缺失(Cache Miss),这时大多数缓存会分配一个新的缓存行,然后把数据加载进缓存行中。如果没有空闲的缓存行,则需要选择一个缓存行来保存要加载的数据。如何选择老的缓存行来代替被称为替代策略。大多数缓存采用最近最少使用(LRU)的策略,注意 LRU 并不是比较缓存行的使用次数,因此内存地址的访问次数对于缓存的替代策略没有影响。当数据被写到缓存时,原来在内存中的数据和缓存中的数据就不一致,因此,也应该在恰当的时机把新写入缓存中的数据也写入内存中,以保证缓存与更高级缓存或者内存的一致性。什么时候写入缓存是通过写策略来控制的。一种策略称为直写(write through),每次写到缓存时,数据也写到内存中,这种策略保证了缓存和内存中的一致性,但由于写到内存需要较长的时钟周期,因此访问的数据会受到影响。另外一种策略称为回写(write back),数据并不是马上写到内存中,而是记录缓存中的数据是否已经写入到缓存中,这一般是通过一个脏(dirty)比特标志来表示,当缓存中的数据要被替代时,这个时候才把缓存中的数据写入到内存中,因此在采用这种策略的缓存中遇到缓存缺失或者要替代缓存中的某一行时,经常需要两次内存访问,分别是把原来的数据写入缓存以及从新的位置读取数据到缓存。采用 Netburst 体系结构的处理器的 L1 数据缓存采用直写策略,而 L2 缓存采用回写策略,同时在遇到缓存缺失时会一次加载进两个缓存行。而 Core 体系结构的处理器都采用回写策略。表 6.1 列出了处理器的缓存组织。

表 6.1　处理器的缓存组织

处 理 器	缓存行/B	L1 指令缓存		L1 数据缓存			L2 缓存			主存
		容量	way	容量/KB	way	访问时间	容量/KB	way	访问时间	访问时间
P3	32	16 KB	4	16	4	3	256	8	8	140
P4	64	12 KB	8	8	4	2	512	8	19	350
Pentium-pro	64	32 KB	8	32	8	3	2 048	8	10	80
Core2	64	32 KB	8	32	8	3	4 096	16	12	185

注：访问时间单位时钟周期,L2 和主存可能随具体的型号而不同。

缓存缺失是在读写缓存中的数据出现问题时出现的。如果在从指令缓存中读取指令时出现缺失,则会导致流水线的停滞,因此它对于性能的影响最大。而从数据缓存中读取数据时，流水线可以通过乱序执行其他已经准备好的指令，等数据就绪好再执行该指令。如果是在往缓存中写入数据时出现缓存的缺失，大多数处理器会把存储命令暂时排队，这样流水线就可以继续滞后性其他指令。引起缓存缺失的原因有三个：第一个是强制性缺失(Compulsory miss)，又称为冷启动缺失。由于处理器第一次载入数据时，数据一般都不在缓存中，因而会引起强制性缓存载入，强制性缺失可以通过硬件和软件预取等来减少，但不能完全避免。第二个是容量缺失(Capacity miss)，指的是由于缓存的容量不足，当前所有活跃访问的数据无法全部载入到缓存中，这样在访问新的数据时必须替代掉缓存中的数据，但是那些替换的数据可能又要被重新访问，从而可能出现抖动现象。第三个是冲突缺失(Conflict miss)，大多数缓存的缓存行并不是存放内存中的任何位置的数据，而只是有些内存数据可以存放在该行中，比如k+1级缓存中的行i只能存放在k级缓存中的(i mod 4)行。现在假设程序要按照下列顺序访问行0、8，由于都映射到缓存中的第0行，因此，尽管缓存有空闲，仍然会由于冲突而导致缓存缺失。

缓存相比内存来说要小得多，内存中的位置如何映射到缓存中的位置呢？一种方法是全相连(full associative)映射，内存中的一块数据可以放在缓存中的任意一行，在检查缓存是否命中时，需要搜索所有的缓存行。另外一种极端的方式是直接映射(direct mapped)，内存中的位置固定地映射到某一个缓存行中。大多数缓存是把上面两种方法结合在一起，称为成组相连(set associative)映射，内存中的位置映射到某一组(set)，每组包含多行，在这组中内存中的数据可以存放在其中任意一行。如果一个缓存中的set包含的缓存行个数为n，则称为n路(way)成组相连。我们举一个例子来说明，考虑一个8-way 32 KB缓存，缓存行为64 B，总共有缓存行32K/64=512行，这512行进一步分为512/8=64个组，每组包含8行，共8＊64=512 B。注意内存地址映射到某个组之后可以把对应的数据保存在其中任意一行，在组中的行与行匹配一般并不是采用顺序查找的方法，而是通过快速访问的硬件一次和所有行进行匹配，从而加快缓存的访问速度。

采用多级缓存来访问内存中的数据时，一般是先检测最低级(L1)缓存，如果缓存缺失，处理器再检查更高级(L2)缓存，看是否命中，直到最后检查内存中的数据。如果L1缓存中的数据必须也在L2缓存中，这种缓存结构称为严格包含(strictly inclusive)，如果L1缓存中的数据不一定在L2缓存中，称为不包含(exclusive)，Intel处理器的缓存不是采用严格包含，即不要求L1缓存中的数据也一定要在L2缓存中，但是处理器会经常通过同步来使得L1缓存中的数据也在L2缓存中，有的时候称其为大部分包含(mainly inclusive)。

6.3.2 缓存的软件优化

对于软件的缓存访问问题进行优化的第一步应该是选择合适的编译器选项，使编译器能够根据你的应用和要针对的处理器进行优化。每个处理器采用不同的缓存，比如通过指定/QxW 针对 P4 处理器进行优化，/O3 允许一些循环分割、合并等激进优化，/Qipo 通过过程间优化可以减少代码的大小，通过代码移动优化使得经常调用的变量和函数可以放在一起，增加了空间的局部性，采用 Profile 导向的优化可以知道哪些分支经常使用，提高指令缓存和数据缓存的利用率。

虽然编译器的功能非常强大，但也并不是万能的，只有程序员才知道程序的具体行为，有的时候程序员也可以手工修改代码来帮助编译器进行更进一步的优化。那些具有更好的空间和时间局部性的代码一般会有更低的缓存缺失率，从而在大部分情况下会比那些高缺失率的代码要运行得更快。考虑到好的时间局部性，那些经常访问的数据可以通过一个局部变量来保存，考虑到空间局部性，步长为 1 的内存访问显然是最好的。大部分的缓存优化都是针对那些访问数组元素的循环的，而要提高这些循环的局部性，需要考虑通过循环访问数组元素的模式，从而分析是什么原因引起的缓存缺失，然后通过改变循环的顺序、结构、数组的布局等来减少缓存缺失。考虑下面的代码：

```
int sumarraycols(int a[M][N])
{
    int i, j, sum = 0;

    for (j = 0; j < N; j++)
        for (i = 0; i < M; i++)
            sum += a[i][j];
    return sum;
}
```

由于 C 语言的数组是按照行来进行存储的，即 a[0][0]，a[0][1]，… a[0][N−1]，a[1][0]，a[1][1]…，而 sumarraycols 则是按照顺序 a[0][0]，a[1][0]，a[2][0]，…，a[M−1][0]，a[0][1]，a[1][1] …来访问数组中的元素，步长为 M，这些不连续的元素可能会位于不同的缓存行，会出现较多的强制性缺失，因此在优化时可以通过循环交换来改变循环的顺序来提高空间的局部性。

```
int sumarrayrows(int a[M][N])
```

```
{
    int i, j, sum = 0;

    for (i = 0; i < M; i++)
        for (j = 0; j < N; j++)
            sum += a[i][j];
    return sum;
}
```

显然，函数 sumarrayrows 在对二维数组 a 求和访问的内存顺序与内存中的顺序一致，步长为 1，在第一次访问 a[0][0]时会出现缓存缺失，但因为内存中的数据是以缓存行为单位加载进缓存的，因此访问后面的元素就会缓存命中，直到数组元素属于另一个缓存行，这时再把下一缓存行加载进缓存中。

考虑下面代码：

```
for (i=0; i<N; i++)
    a[i] = b[i] + 1;
for (i=0; i<N; i++)
    c[i] = 3 * b[i];
```

两个循环都要访问 b[i]，可以把两个循环合并，这样可以通过时间局部性来减少对于数组 b 的访问：

```
for (i=0; i<N; i++) {
    a[i] = b[i] + 1;
    c[i] = 3 * b[i];
}
```

考虑下面代码：

```
for (i=0; i<N; i++){
    a[i] = b[i] + 1;
    c[i] = 3 * a[i];
    f[i] = g[i] + h[i];
}
```

假设 N 非常大，采用 4-way 缓存，但是在循环里面需要访问六个数组，这些数组的地址间的距离比较大，可能会导致这些数组都映射为同一个组，那么在每次循环过程中后面两次对于数组的访问都会导致缓存冲突缺失，这时可以把循环分割成两个，每个循环访问的数组不超过四个，从而减少冲突缺失：

```
for (i=0; i<N; i++){
    a[i] = b[i] + 1;
    c[i] = 3 * a[i];
}
for (i=0; i<N; i++){
    f[i] = g[i] + h[i];
}
```

如果要访问的对象占用的空间非常大，而缓存行相对来说比较小，这个时候对于缓存的利用变得尤其重要，看看下面的矩阵加法运算代码：

```
void add(int a[MAX][MAX], int b[MAX][MAX])
{
    int i, j;
    for(i=0;i<MAX;i++) {
        for(j=0; j<MAX;j++){
            a[i][j] = a[i][j] + b[j][i]; //Adds two matrices
        }
    }
}
```

在上面的循环中，对于 a 的访问步长为 1，可以利用空间的局部性，但是 b 的访问是按列来进行访问的，即 b[0][i]，b[1][i]…，步长为 MAX，如果数组比较大，数组中的一行也大于缓存的大小，这样每次访问 b 都可能会出现缺失，要重新载入一个缓存行。循环块优化把数组分成一个个的小块数据，这个数据块可以容纳入缓存中，在对于这块数据进行处理后就可以完全丢弃，然后继续处理下一块数据，优化后的代码为：

```
#define BS 8   //Block size is selected as the loop-blocking factor.
void add(int a[MAX][MAX], int b[MAX][MAX])
{
    int i, j, ii, jj;
    for(i=0;i<MAX;i+=BS){
        for(j=0; j<MAX;j+=BS){
            for(ii=i; ii<i+BS; ii++) {// outer loop
                for(jj=j;jj<j+BS; jj++) { //Array B experiences one
                                              cache miss
```

```
                            //for every iteration of outer
                            loop
                a[ii][jj] = a[ii][jj] + b[jj][ii]; //Add the two arrays
                }
            }
        }
    }
}
```

除了通过改变循环的顺序和循环的结构来进行缓存优化外，还可以通过选择合适的数据布局来进行优化，其基本原则就是把那些经常使用的数据放在一起，这样可以利用空间的局部性。比如有两个数组，每次访问一个数组时总是要访问另外一个数组：

```
#define N 1024
int a[N], b[N],
for (i=0; i<N; i++)
  a[i] = Func(b[i]);
```

这时可以把这两个数组合并在一起，先定义一个结构类型，然后再定义一个结构数组：

```
struct ALL {int a,b};
struct ALL M[N]
for (i=0; i<N; i++)
  M[i].a  = Func(M[i].b);
```

如果在一个大的结构中只有少数几个字段会被经常访问，但是大部分字段的访问次数相对较小，这个时候可以把原来的结构数组分割成多个数组，考虑下面的代码：

```
typedef struct _LIST {
  char key[8];
  char val[48];
  struct _LIST  *next;
} List;

List *lookup(char *key, List  *head) {
  while (head != NULL) {
```

```
        if (strncmp(key,head->key,strlen(key)) == 0)
            return head;
        head = head->next;
    }
}
```

查找 List 的循环实际上只用到结构中的八个字节，但是 val 占用的字节相对比较大，这样按照顺序访问时很容易出现缓存的浪费，代码可以优化为：

```
typedef struct _List {
  char val[64];
  struct _List * next;
} List
List list[MAX];
char keyList[MAX * 8];

List * lookup(char * key, List * head, char * keyList,int nlist) {
  int i =0;
  while (i < nlist) {
        if (strncmp(key,keyList) == 0)
            return head[i];
        i++;
        keyList  +=strlen(keyList)+1;
  }
}
```

另外一个影响内存的访问速度的因素是数据对齐。一般说来，一个对齐的数据的访问是最为有效的，这就要求变量的地址应该能够被该变量占用的字节数整除。比如一个 double 需要八个字节的存储空间，因此，如果 double 的地址不是 8 的倍数时，访问该变量会带来许多额外的延迟。特别值得注意的是如果一个变量分配的空间跨越缓存行时，比如考虑变量的地址为 0xFF0000FC，前面四个字节和后面四个字节在不同的缓存行，访问该变量需要加载进两个缓存行，这种跨越 L1 缓存行(64 B)边界的未对齐数据访问被称为载入分离或者存储分离。考虑下列代码：

```
double * p = (double *)malloc(sizeof(double) * number_of_doubles);
```

上面的代码并不一定保证 p 是 8 B 的边界，这是因为 malloc 返回的变量一般会保证4 B,如果是4 B对齐,那么访问这个double数组时的性能将会非常得糟糕,上面代码可以优化如下,通过np来访问double数组,通过p来释放申请的内存空间:

```
double *p;
double *np;
p = (double *)malloc(sizeof(double) * number_of_doubles + 7L);
np = (double *)((((long)(p)) + 7L) & (-8L));
```

有时你可能希望大的对象或者数组能够与缓存行对齐,这时可以采用declspec来说明:

```
__declspec(align(64))
int Bigarray[1024];
```

在使用多维数组时,维数如果不是2的幂时,可能会导致访问后面的数组元素出现不对齐的情况,考虑下面的代码:

```
int a[64][63]
for (i=0; i<64; i++) {
    for (j=0; j<63; j++)
        a[i][j] = i * 64 + j;
}
```

假设数组a的起始位置是16 B对齐的,a[0][0],a[0][1],…a[0][62]为16 B对齐,但是现在a[1][0]的距离16 B的边界相差12,不是16 B对齐,显然上面代码可以通过填充来保证每个数组元素都是16 B对齐,牺牲了空间来换取对齐带来的内存访问的性能提升:

```
int a[64][64]
for (i=0; i<64; i++) {
for (j=0; j<63; j++)
    a[i][j] = i * 64 + j;
}
```

基于Netburst和Core体系结构的处理器支持存储转发,假设处理器执行一条指令要把数据写到内存单元,这个实际的写操作一般是在Store微指令从流水线退出时开始,如果后面的指令也要读取那个内存单元的数据且不采用存储转发,则必须等到前面的写操作把数据写到L1缓存之后,再从L1缓存中读入。存储转发允许处理器在写操作开始之前就可以使用那个要写入的数据,从而减少了访问延迟。但是存储转发对于进行转发的数据的大小和对齐有一定的要求,具体的要求和处理器采用的体系结构相关,读者可以参看相应的IA32优化参考手册。

6.3.3 数据预取和流式存储

数据预取指的是在实际访问数据之前就预先把该数据预取到缓存中。Intel处理器从P3开始支持软件预取,这是通过在合适的时候预取指令来加载数据完成的。从P4开始,后面的处理器都支持硬件预取,当导致两个连续的缓存缺失的内存地址之间的距离在给定的阈值(128 B或者256 B)之内时,处理器会触发数据预取。另外,那些步长为常量(包括前向步长和后向步长)的流式访问也可能会触发硬件预取,预取单元可以同时支持多个独立的数据流的预取,但是基于Netburst体系结构的处理器要求每个流必须属于不同的4 KB的页,同时预取也不会跨越4 KB的边界到另外一个页,因此,硬件预取对于那些小步长且不会超过4 KB的数据访问最为有效,不过,基于Core体系结构的处理器允许跨越页的边界,但仍然对在页内的访问有比较好的性能。硬件预取是自动进行的,而软件预取则可以通过编译器自动生成或者自己在代码中加入预取命令。Intel编译器的/Qprefetch选项告诉编译器支持软件预取,要使用这个选项,需要和/O3一起使用,但要注意,由于P4和Core Duo处理器支持硬件预取,如果编译器特别针对这些处理器进行优化,则/Qprefetch不起作用。

除了通过编译选项来使用软件预取外,你也可以通过prefetch directive来告知在访问某些内存时是否进行软件预取:

(1) #pragma noprefetch 指示不进行软件预取。

(2) #pragma prefetch 指示进行软件预取。

(3) #pragma prefetch a,b 指示对于变量a、b的访问进行软件预取。

如果循环中通过表达式a[j]访问数组a,那么编译器会插入软件预取指令来把a[j+d]加载进缓存中,其中d由编译器分析后决定。下面给出了一个例子:

```
#pragma noprefetch b
#pragma prefetch a
for(i=0; i<m; i++)
{
    a[i]=b[i]+1;
}
```

你也可以通过SSE Intrinsics来支持软件预取,当然,这必须是在支持SSE扩展的处理器上才发挥作用:

```
void _mm_prefetch(char const *a, int sel)
```

它对应着PREFETCH指令,告诉处理器把地址a对应的缓存行加载到更高的缓存,sel 给出了预取操作的类型,如表 6.2 所示。

表 6.2 sel 给出的预取操作的类型

指　令	Sel	描　述
PREFETCHINTA	_MM_HINT_NTA	采用非临时预取,减少缓存行的污染
PREFETCH0	_MM_HINT_T0	预取数据到所有缓存
PREFETCH1	_MM_HINT_T1	预取到 L2、L3 缓存,但不到 L1 缓存
PREFETCH2	_MM_HINT_T2	仅预取数据到 L3 缓存

如果预取的数据仅仅只使用一次,一般应该采用非临时预取(sel=_MM_HINT_NTA),如果要进行写操作或者访问该缓存行多次,则一般采用_MM_HINT_T0。下面给出了一个软件预取的例子,在这个例子中,由于步长太大,使得自动硬件预取无法有效地工作:

```
for (i=0; i < MAX; i+= 512) {
    if ((i & 2047 == 0) {
        _mm_prefetch((char *)&array[i+2048], _MM_HINT_T0);
    }
    Func(&array[i]);
}
```

采用多级缓存之后,所有的正常数据读写都是通过缓存来进行的,但是在某些情况下通过缓存写会降低性能,比如,硬件适配卡经常会有一块内存用于控制,如果通过缓存写,则从用户发出控制命令到硬件实际完成控制就会由于缓存写而有一定的延迟,因此有些硬件可能会要求数据绕过缓存,直接按照指定的顺序写到内存,这时可以把那块内存声明为非缓存(Uncacheable)。

Intel 处理器还支持一种合并写(write-combining)的技术,其基本思想是可以把多次写合并在一个写缓冲区中,然后一次完成所有这些写的操作,从而减少了多次写的总线竞争和流水线停顿的开销。写缓冲区的数目和大小随不同的处理器的型号而不同,比如 P4 处理器写缓冲区大小为 64 B,操作系统和驱动程序能够将一些内存区域定义为合并写内存,这种类型的内存通常用于图形卡上的帧缓冲和硬盘控制器的缓冲区,在要求马上把多次写完成时,通过 SFENCE 指令来完成。

应用也可以通过流式存储来进行合并写以绕过缓存。当要写的数据在后面并不会被应用使用时,采用流式存储可以大大提高数据写的性能。Intel 编译器提供相应的编译选项/Qopt-streaming-stores,通过该选项告诉编译器产生流式存储指令来跳过缓存直接写到内存中，从而减少那些不再使用的写数据带来的缓存污染。同样，如果有必要，也可以使用下列 SSE intrinsic 来进行流式存储(见表 6.3)。

表 6.3 SSE intrinsic

指 令	Intrinsic	描 述
MOVNTQ	_mm_stream_pi(__m64 *p, __m64 a)	把 a 中数据保存到 p
MOVNTPS	_mm_stream_ps(float *p, __m128 a)	把 a 中数据保存到 p
SFENCE	_mm_sfence(void)	确保前面的写操作完成

下面给出了一个通过软件预取和流式存储来完成两个数组的加法的例子：

```
#define STRIDE 4
#define INCR   4
_mm_prefetch((char*)&b[3], _MM_HINT_NTA);
for (j=0; j<N; j+=STRIDE) {
// c[j] = a[j] + b[j];
    _mm_prefetch((char*)&a[j+INCR], _MM_HINT_NTA);
    _mm_prefetch((char*)&b[j+INCR], _MM_HINT_NTA);
    tarr[0] = a[j] +b[j];
    tarr[1] = a[j+1]+b[j+1];
    tarr[2] = a[j+2]+b[j+2];
    tarr[3] = a[j+3]+b[j+3];
    _mm_stream_ps ((float*)&c[j], *(__m128*)&tarr[0]);
    _mm_stream_ps ((float*)&c[j+2], *(__m128*)&tarr[2]);
}
_mm_sfence();
```

6.4 SIMD

6.4.1 SIMD 技术介绍

自从支持 MMX 技术的 Intel Pentium 处理器推出以后，单指令多数据流(SIMD)技术已经成为 Intel 架构的处理器的重要性能扩展。要理解为什么采用 SIMD 技术，可以参考以下的例子：

```
void add(float *x, float *y, float *z)
{
    int i;
    for (i = 0; i < 1000; i++) {
        z[i] = x[i] + y[i];
    }
}
```

上面的代码要循环 1 000 次，每次循环都要进行一次比较来确定循环是否结束，一个优化的方法是循环展开，比如说展开 4 次，那么循环只需要 250 次。上面的代码可进一步采用 SIMD 技术进行优化，4 次乘法运算可以通过一次 SIMD 乘法来并行执行(见图 6.8)。

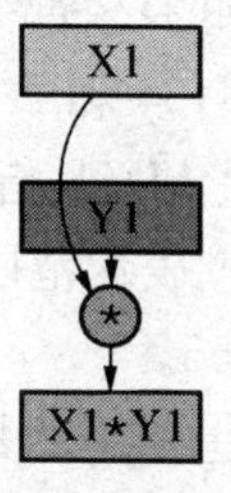

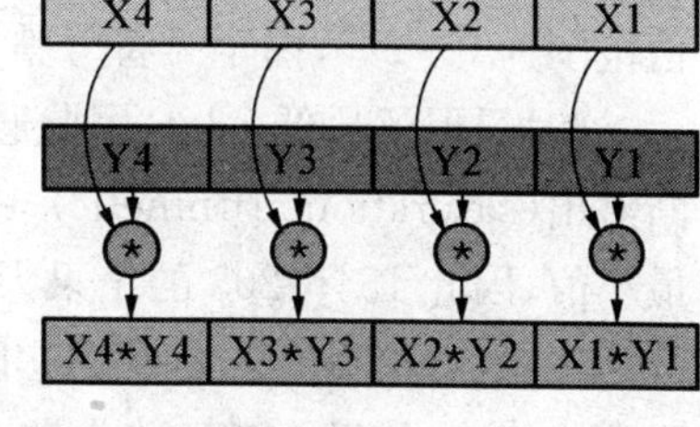

图 6.8 SIMD 基本概念

```
for (i = 0; i < 1000; i+=4) {
    z[i: i+3] = x[i: i+3] * y[i: i+3];
}
```

SIMD 的操作使用一组特殊的 128 bit(16 B)宽的向量寄存器——XMM 寄存器，这些寄存器可以用来表示一个包含 16 个 8 bit 整数、8 个 16 bit 整数、4 个 32 bit 整数、2 个 64 bit 整数、4 个单精度浮点数、2 个双精度浮点数的向量。现在的处理器一般都支持 SIMD，从而使得这些利用 XMM 寄存器的向量操作有较快的运行速度，在最新的 Intel Core2 处理器上，SIMD 指令基本上可以达到与常规的指令一样的速度。

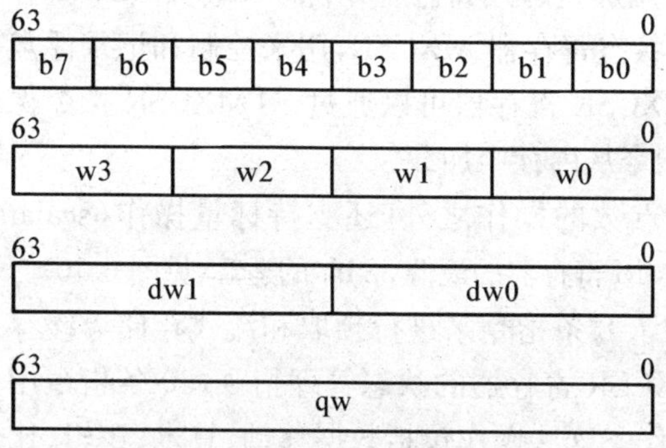

图 6.9 packed interger 类型

6.4.1.1 MMX

Intel 体系结构在 1996 年引入了 MMX(多媒体扩展)扩展技术，MMX 包括 8 个 64 bit 的 MMX 寄存器：mm0～mm7，这些寄存器可以封装进一组整形数值。支持的 3 种 64 bit 封装(packed)整数类型(见图 6.9)包括：

(1) packed 字节整数(8x8)。

(2) packed 字节整数(4 * 16)。

(3) packed 双字整数(2 * 32)。

(4) 一个 4 倍字(quadword)整数。

MMX 支持 SIMD,从而允许宽度为 64 bit 的多个整数的并行运算。MMX 新增了 47 项新指令,大多数 MMX 指令都包含两个操作数,目的为 MMX 寄存器,而源可以是一个 MMX 寄存器或内存地址。MMX 指令包括数据传输、算术、逻辑、比较、转换和移位等指令,在进行算术运算时有可能会溢出。MMX 支持两种类型的溢出:第一种是为回绕溢出(wraparound arithmetic),那些超过数据类型的表示范围的结果将会被截断,只保留最低有效部分,比如无符号的封装字节,整数的取值范围为 0~255,两个无符号整数 154 和 205 相加的和为 359,无法用 8 bit 来表示,这时只保留最低 8 bit,因此通过 MMX 指令运行的结果为 103。另外一种为截断溢出(saturation arithmetic),超过表示范围的值被截断为表示范围的最大或者最小值,因此 154+205 的结果为 255。

注意:8 个 MMX 寄存器实际上使用的是 X87 浮点部件的 R0~R7 浮点寄存器堆栈,这也使得 MMX 指令和 X87 FPU 代码混合在一起使用时变得相对比较困难。每个浮点代码段之后应该把 FPU 堆栈清空,而 MMX 代码段之后通过 EMMS 指令设置 X87 FPU 的标志寄存器来表示寄存器清空。

6.4.1.2 SSE

Intel 1999 年推出的 P3 处理器支持一种新的流式 SIMD 扩展(SSE),使得那些图像处理、语音识别、视频处理等应用获得了更好的性能。SSE 引入了 8 个新的 128 bit(16 B)XMM 寄存器,分别为 XMM0~XMM7。这些寄存器除了能够支持 MMX 引入的那些封装整数类型外,还可以封装进 4 个单精度的浮点类型。XMM 寄存器和 MMX 寄存器不同,它和通用寄存器和 FPU 寄存器无关,因此,SSE 指令可以和 MMX 或者浮点指令混合使用。XMM 寄存器只能用来保存数据以执行相应的运算,不能用于编址。编址可以使用那些通用寄存器。除了 8 个 XMM 寄存器外,SSE 还包含一个 32 bit 的控制和状态寄存器 MXCSR,用来控制和记录浮点运算的异常情况以及精度、清 0 等。MXCSR 寄存器可以通过 STMXCSR 指令保存到内存中,也可以通过 LDMXCSR 指令从内存中加载。

SSE 除了支持封装整数和封装浮点数的操作之外,还支持标量操作(scalar operation),所谓标量操作指仅仅使用 XMM 寄存器的最低 32 bit 的运算(见图 6.10)。

SSE 新增了 70 条指令:首先增加了 8 条指令来进行预取和流式存储等缓存控制。其次是 2 条用于保存和加载 MXCSR 寄存器的状态管理指令,50 条指令用于 128 bit 的单精度浮点封装和标量操作。这些操作包括数据移动、算术、逻辑、比较、转换和混合(shuffle)指令等。10 条指令对于 64 bit 的 MMX 指令进行了扩展,

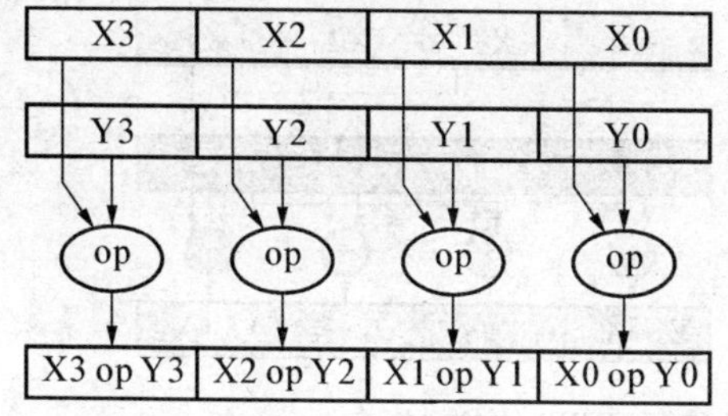

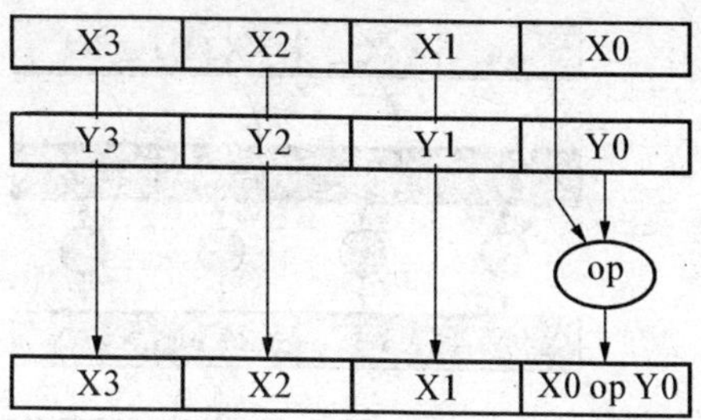

图 6.10 封装(左边)和标量(右边)操作

比如除法、平方根、平均、最大值、最小值、交换等。同样大多数指令采用(XMM寄存器,XMM寄存器)以及(XMM寄存器,内存)的格式。注意:除了MOVUPS和标量指令外,那些128 bit的内存操作数应该位于16 B的边界。

6.4.1.3 SSE2

Intel公司在2001推出的P4处理器支持SIMD扩展2(SSE2),在原来的MMX和SSE的基础上新增了七十多条指令,提供了对于128 bit的封装双精度浮点(2个64 bit double)支持,从而可以同时执行2个double类型的运算。另外,SSE2还把原来的64 bit整数运算扩展为支持128 bit的封装整数(字节、字、双字、4倍字),提高了整数运算的吞吐率。SSE2采用的寄存器和SSE中完全一样,它们是8个XMM寄存器(xmm0～xmm7),64 bit的整数运算使用MMX寄存器,而128 bit的双精度和单精度浮点数以及128 bit的整数运算采用XMM寄存器。注意:在从内存中加载128 bit的浮点、单精度和整数时,SSE2并不会检查载入的数据是否和指令中指出的数据类型是否相符;同样,在进行算术运算时,SSE2也不会检查操作数是否和指令相符。SSE2提供了转换指令,用来在封装或者标量的单精度和双精度浮点,双精度浮点和双字整数,单精度浮点和双字整数之间进行值的转换。

6.4.1.4 SSE3和SSSE3

SSE3最早是在2004年Intel的支持超线程的P4处理器中引入的,它在SSE2的基础上增加了13条新指令,其中一条指令用于X87 FPU的浮点数和整数的转换,两条指令用于线程的同步,一条指令支持从那些没有16 B对齐的内存区域加载进SIMD整数,从而避免缓存行分离而带来的性能下降。SSE和SSE2的指令执行都是并行对两组连续的数据执行同一个操作,SSE3提供了9条新的SIMD浮点指令,这些指令包括异步加减运算、横向加减运算和数据移动,如图6.11所示。

2006年7月,Intel推出的Core 2 Duo处理器中对于SSE3扩展作了一个补

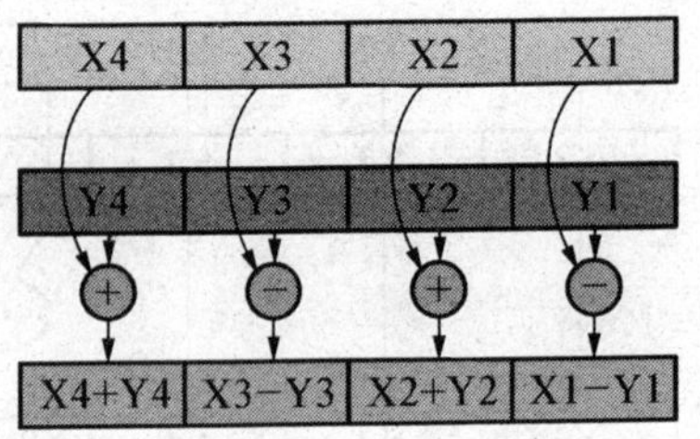

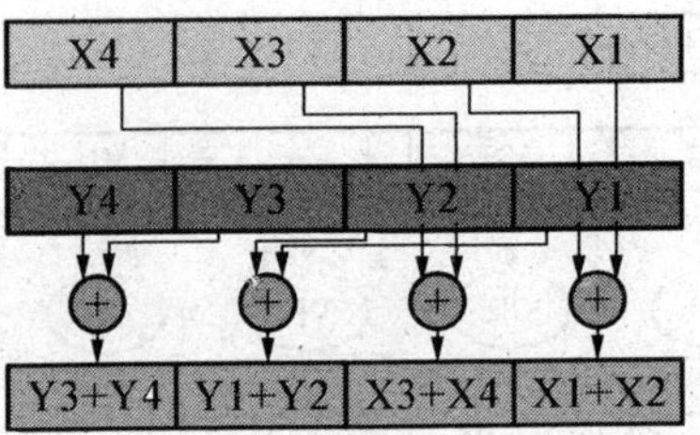

图 6.11　ADDSUBPS(左边)和 HADDPS(右边)指令

充,被称为 SSSE3(Supplemental Streaming SIMD Extension 3),在 SSE3 的基础上增加 32 条新的指令,比如横向加法或减法指令、取绝对值、进行乘法和加法来计算点积的指令等。

6.4.2　SIMD 技术使用

使用 SIMD 技术可以获得更大的性能提升,目前使用 SIMD 技术可以有四种方法,分别为嵌入汇编语言、C++类、编译器 intrisincs 和自动矢量化。我们用下面的求一个整数数组的和为例:

```
int SumArray(int * buf, int N)
{
    int i, sum=0;
    for (i=0; i<N; i++)
        sum += buf[i];
    return sum;
}
```

6.4.2.1　自动矢量化

Intel 编译器支持自动矢量化,能够把那些原来执行多个操作的代码转换为矢量形式,通过一条指令执行多个操作。要进行自动矢量化,需要使用那些针对特定处理器的优化选项/Q[a]x{T|P|N|W|K},上面的代码可采用下列命令进行编译;

```
icl/QxP/c /Fa test_vec.c
test_vec.c(4): (col. 1) remark: LOOP WAS VECTORIZED.
```

从上面的报告可以看到第四行的循环自动向量化,通过查看生成的汇编代码,会看到使用了 SIMD 指令。

6.4.2.2　汇编语言

上面的代码也可以通过汇编的方式来使用 SIMD,使用汇编代码可以直接控制和访问所有的寄存器和指令，从而获得最优的性能，但是汇编语言相比其他方法来说要难以阅读，调试以及维护起来也不是非常方便，同时，由于汇编使用的代码可能是特别针对处理器的，在不同的处理器架构之间移植起来相对要困难一些。

```
int SumArray(int * buf, int N)
{
  _asm{
      mov ecx, 0; loop counter
      mov esi, buf
      pxor xmm0,xmm0; zero sum
      loop:
      paddd xmm0, [esi+ecx*4]
      add ecx, 4
      cmp ecx, N; done ?
      jnz  loop
      movdqa xmm1, xmm0
      psrldq xmm1, 8
      padd xmm0,xmm1
      movdqa xmm1,xmm0
      psrldq xmm0,xmm1
      movd eax, xmm0; store result
  }
}
```

6.4.2.3　C++类

Intel C++编译器和C++类库中提供了一些新的C++类，这些类对应于那些可以直接使用SIMD指令(支持MMX、SSE和SSE2，不支持SSE3)的数据类型，要使用这些类，需要包含下述头文件：

```
#include <ivec.h>   // MMX
#include <fvec.h>   // SSE (also include ivec.h>
#include <dvec.h>   // SSE2 (also include fvec.h>
```

这些支持SIMD的向量类采取下面的命名规则：最前面用I和F分别表示是支持浮点还是整数SIMD指令，接下来是数字取值为8、16、32或者64，表示组成向量的基本元素的大小，然后后面为字符串vec，最后的数字取值为8、4、2或者1，表示组成向量的基本元素的个数。使用64 bit的MMX技术的整数类包括I64vec1、

I32vec2、I16vec4 和 I8vec8，而使用 128 bit 的 XMM 寄存器的浮点类包括单精度的 F32vec4、F32vec1 和双精度的 F64vec2。SSE2 中使用 128 bit 的 XMM 寄存器的整数类包括 I128vec1、I64vec2、I32vec4、I16vec8 和 I8vec16。为了进一步区分封装的是有符号整数还是无符号整数，在那些整数类之后也可以包含一个符号标志 s 或者 u，比如 Iu32vec4。通过类的封装，程序员无须关心那些对于类的运算到底使用了那些汇编指令或者 SIMD intrinsic 函数，应用易于阅读和编码，并且没有直接使用 SIMD 代码，在不同的处理器（当然要求这些处理器支持 MMX、SSE、SSE2）之间不需要作任何改动，但是其缺点是无法访问所有的指令和数据类型组合。下面的代码给出了 SumArray 采用 C++类的实现，I32vec4 表示一个包含 4 个 32 bit 整数的向量，而对这个类的加法操作已经重载来隐藏具体使用的 SIMD 指令的细节：

```
#include <dvec.h>
int SumArray(int *buf, int N)
{
  int i;
  I32vec4 *vec4 = (I32vec4 *)buf;
  I32vec4 sum(0,0,0,0);
  for (i=0; i<N/4; i++)
      sum += vec4[i];
  return sum[0]+sum[1]+sum[2]+sum[3];
}
```

6.4.2.4 Intrinsics

SIMD intrinsics 有些类似于 C 语言中的函数，可以被其他的代码直接调用，可以像其他函数调用一样给它传递参数，Intel C++编译器支持 SIMD intrinsics，并且可以针对 intrinsics 函数进行内联等优化，intrinsics 能够被直接映射到一条或者多条 SIMD 指令以及其他汇编指令，至于寄存器分配、指令调度和寻址模式，则留给编译器处理，因此，相比汇编语言来说更加容易使用，但是同时对于生成指令的控制能力也更小。为了使用与 SIMD 技术相关的 intrinsics，首先需要包含那些定义了数据类型和函数的头文件：

```
#include <mmintrin.h>    // MMX
#include <xmmintrin.h>   // SSE (also include mmintrin.h>
#include <emmintrin.h>   // SSE2 (also include xmmintrin.h>
#include <pmmintrin.h>   // SSE3 (also include emmintrin.h>
```

这些头文件定义了一些数据类型对应于那些 SIMD 指令要使用的封装浮点数和整数，这些数据类型名以两个下划线开始：__m64 用于表示一个 MMX 寄存器的内容，用于 64 bit 的 MMX 整数指令，可以封装 8 个 8 bit、4 个 16 bit、2 个 32 bit 和 1 个 64 bit 的整数；__m128 用于 SSE，表示封装了 4 个 32 bit 的单精度浮点数的 SSE 寄存器；__m128d 可以封装 2 个 64 bit 的双精度浮点数；__m128i 用于表示支持 128 bit SIMD 整数运算的 XMM 寄存器的内容，可以封装 16 个 8 bit、8 个 16 bit、4 个 32 bit 和 2 个 64 bit 的整数。编译器会确保声明为__m128、__m128d 和__m128i 的内存变量位于 16 B 的边界，声明为__m64 的内存变量位于 8 B 的边界。注意：SSE、SSE2 和 SSE3 在使用标量操作时并没有定义新的标量数据类型，你可以使用标量 SIMD 指令和__m128 数据来实现。

注意：定义的 intrinsic 数据类型并不是一个标准的 C 数据类型，所以，这些变量只能用于一个赋值语句的左边、返回值或者调用参数，不能进行加法减法等操作。同时，这些变量实际上是存放在内存中的，因此，可以使用这些变量的地址，也可以把这些变量用于 struct、union 等复杂的数据结构中。下面给出了使用 SIMD intrinsic 的 SumArray 函数的实现：

```
int SumArray(int * buf, int N)
{
    int i;
    __m128i * vec128 = (__m128i *)buf;
    __m128i sum;
    sum = _mm_sub_epi32(sum,sum); // Set to zero
    for (i=0; i<N/4; i++)
        sum = _mm_add_epi32(sum,vec128[i]);

    sum = _mm_add_epi32(sum, _mm_srli_si128(sum,8));
    sum = _mm_add_epi32(sum, _mm_srli_si128(sum,4));
    return _mmcvtsi128_si32(sum);
}
```

SIMD intrinsic 函数采用一个非常标准的命名格式，大部分指令采取：_mm_<intrin_op>_<suffix>的格式，函数名以_mm_开头，然后表示函数要执行的 SIMD 指令，比如，上面的 add、sub、srli 分别表示加法、讲法、移位运算，最后是后缀，后缀的一部分给出了要进行运算的数据范围，其中 p 表示封装操作，s 表示标量操作，而 ep 表示扩展封装操作，用于 128 bit 整数 SIMD 指令；接下来的部分表示进行运算的数据类型，其中 s 表示单精度浮点，d 表示双精度浮点，i 表示整数，u 表示无符号整数，数字表示整数的比特数。比如，_mm_add_epi32 函数，从名字上可以看出其进行封装 32 bit 整数的 128 bit SIMD 加法运算，即同时进行 4 个 32 bit 的整数加法。

大部分 SIMD 指令在使用内存作为操作数时，要求内存操作数为 16 B 对齐，如果使用 MMX，则要求 8 B 对齐。如果此时传递的内存地址不是 16 B 对齐，则执行 SIMD 指令会抛出保护异常。如果需要对那些没有 16 B 对齐的变量应用 SIMD 指令，需要做许多额外的工作，我们用一个例子来说明，考虑三个数组，这三个数组都是 16 B 对齐的，因此下面数组 b 和数组 c 相加不会有对齐问题：

```
for (i = 0; i< N; i++)
    a[i] = b[i] + c[i];
```

采用 SSE 实现上面的循环体如下：

```
movaps xmm0, [b]; load 16 bytes from b[]
addps xmm0, [c]; add xmm0 with c[]
movaps  [a], xmm0; store xmm0 in the a[]
```

但是下面一段代码中，第一次循环要计算 a[1]=b[2]+c[3]，由于整数为 32 bit，可以看到尽管数组 a、b、c 都是 16 B 对齐，但是对于 a[1]、b[2]、c[3]都不是 16 B 对齐，因此无法直接使用 SIMD 加法 addps 指令：

```
for (i = 0; i< N; i++)
    a[i+1] = b[i+2] + c[i+3];
```

采用 SSE 实现上面的没有对齐的循环体代码为：

```
movups xmm0, [b+2]; load 16 bytes from b[]
movups xmm1, [c+3]; load 16 bytes from c[]
addps xmm0, xmm1; xmm0 = xmm0 + xmm1
movups  [a+1], xmm0; store xmm0 in the a[]
```

注意：循环体中访问数组中的元素时，由于这些元素可能不是 16 B 边界对齐，因此并没有使用 movaps(对应_mm_load_ps)指令而是使用了 movups(对应_mm_loadu_ps)指令。movaps 用于把内存中的 16 B 数据移到 XMM 寄存器中，但是要求 16 B 边界对齐，movups 用在那些没有对齐的内存中，但是这条指令的执行延迟要比对齐版本的 movaps 需要更多的时钟周期，从而会大大降低程序的性能。使用 movups 很容易遇到要加载的 16 B 数据位于两个不同的缓存行的情形，从而出现缓存行分割带来的缓存缺失。在 SSE3 中，引入了一个新的指令 lddqu(对应_mm_lddqu_si128)来加载整数，在有些情况下它比 movups 的性能好，但是如果加载的内存正好是前面刚刚写入的内存单元，lddqu 的性能会比 movups 还要糟糕。

要确保某个变量或者内存单元为 16 B 边界对齐，可以有多种方法。一种方法是在变量声明前添加编译 directive：__declspec(align(base,off))，该 directive 指示变量的地址 m 要求满足：m mod base =off，一般 off 可以不包括，表示缺省为 0。下面的语句表示浮点数组的第一个元素(即数组开始位置)为 16 B 对齐：

```
__declspec(align(16)) float m_fArray[SIZE];
```

如果变量是动态申请内存空间的，为了保证对齐，原来的 malloc 可以代替为 _mm_malloc(int size,int align)，当然，原来用 free 来释放申请的空间，现在必须用 _mm_free 来代替：

```
m_fArray = (float *) _mm_malloc(ARRAY_SIZE * sizeof(float), 16);
_mm_free(m_fArray);
```

类型为__m128、__m128i、__m128d 的变量是 16 B 对齐的，如果该变量在函数内部定义，那么编译器缺省会对齐该函数的堆栈以使函数中所有本地变量和传递进来的参数都是 16 B 对齐。你也可以通过编译选项/Qsfalign(缺省为/Qsfalign8)来修改函数的堆栈对齐策略。我们还可以在联合中使用__m128 类型，考虑下面代码：

```
union {
    __m128 m[100];
    float f[400];
} buffer;
```

由于在联合中使用__m128，编译器会保证 16 B 对齐，因此上面的定义中并不需要额外的__delspec(align(16))，同时这样做的一个好处是你也可以直接通过 f 来访问 128 bit 的__m128 变量中封装的浮点数。

有的时候在一个复杂的数据类型中，虽然变量的起始位置是 16 B 对齐，但是其中的字段可能不是 16 B 对齐，或者由于所有字段加起来不是 16 B 的倍数，从而导致采用数组时后面的变量不是 16 B 对齐，这时可以采用填充或者改变字段顺序的方法。考虑下面代码：

```
struct node {
    int x[7];
    float a[8];
};
```

前面的整数数组占用字节 28，因为浮点数缺省为 4 B 边界对齐，这样在这个结构中，浮点数组字段仅仅是 4 B 而不是 16 B 边界对齐，我们可以在 a 之前增加一个整数字段，这样偏移为32，从而为16 B对齐：

```
struct node{
    int x[7];
    int dummy;
    float a[8];
};
```

传统的结构的数组AoS并不是非常适合于有效地利用SIMD指令，如下面的代码所示，这个结构的数组在内存中存放的方式为：(w0,x0,y0,z0)、(w1,x1,y1,z1)、…

```
typedef struct {
    float w,x,y,z;
} WxyzType;
WxyzType wxyz[NUM_ENTIRES];
```

另外一种方式是采用数组的结构SoA的布局，在内存中存放的方式为(w0,w1,w2,…)、(x0,x1,x2,…)、(y0,y1,y2,…)、(z0,z1,z2,…)：

```
typedef struct {
    float w[NUM_ENTRIES];
    float x[NUM_ENTRIES];
    float y[NUM_ENTRIES];
    float z[NUM_ENTRIES];
} WxyzList;
WxyzList wxyz;
```

现在假设这些向量要与另外一个固定的向量计算点积，采用AoS方式的代码如下，可以看到点积还需要把SIMD乘法后的寄存器中的每个元素累加起来，但是SSE中没有一条这样的指令，这里通过使用联合来直接访问寄存器的每个元素之后再通过浮点数加法来计算。

```
float result[NUM_ENTIRES];
WxyzType  *fixed;
__m128 *vec128 = (__m128 *) wxyz;
__m128 fix128 = _mm_load_ps((float *)fixed);
union {
    float temp[4];
    __m128 m;
```

```
} sum;
int i;
for (i =0; i < NUM_ENTIRES; i++) {
    sum.m = _mm_mul_ps(vec128[i],fix128);
    result[i] = temp[0]+temp[1]+temp[2]+temp[3];
}
```

如果采用 SoA 布局，可以避免采用浮点加法运算来求和，每个循环计算 4 个点积，性能要更好一些：

```
__m128 vec_w,vec_x,vec_y,vec_z,t1,t2,t3,t4;
__m128 fix128 = _mm_load_ps((float *)fixed);
int i;

for (i =0; i < NUM_ENTIRES/4; i+=4) {
    vec_w = _mm_load_ps(wxyz.w[i]);
    vec_x = _mm_load_ps(wxyz.x[i]);
    vec_y = _mm_load_ps(wxyz.y[i]);
    vec_z = _mm_load_ps(wxyz.z[i]);
    t1 = _mm_mul_ps(vec_w,fix128);
    t2 = _mm_mul_ps(vec_x,fix128);
    t3 = _mm_mul_ps(vec_y,fix128);
    t4 = _mm_mul_ps(vec_z,fix128);
    t1 = _mm_add_ps(t1,t2);
    t1 = _mm_add_ps(t1,t3);
    t1 = _mm_add_ps(t1,t4);
    _mm_store_ps(result [i],t1);
}
```

我们再来看一段代码，注意到在循环体有一个条件语句，使用/QxP 选项进行编译会发现 Intel 编译器并不会进行自动矢量化。

```
#define SIZE  128
__declspec(align(16)) short int aa[SIZE], bb[SIZE], cc[SIZE], dd[SIZE];
void branch_loop(short int g) {
    int i;
    for ( i = 0; i < SIZE; i++){
```

```
        aa[i] = (bb[i] > 0) ? (cc[i] + 2) : (dd[i] + g);
    }
}
```

我们可以手工来实现上面的函数，在下面的代码中使用 SIMD 指令来消除循环体上分支，同时每次处理 8 个 short int，减少了循环的次数。_mm_cmpgt_epi16 一次执行 8 个比较操作，如其中某个数组元素大于 0，则返回的 xmm 寄存器中对应的比特为全 1，否则为全 0。获得这些掩码之后就可以通过(cc AND MASK) OR (dd ANDNOT MASK)来完成了(见下表)。

MASK	0x FFFF	0x0000	0xFFFF	0x0000
cc AND MASK	cc	0	cc	0
dd ANDNOT MASK	0	Dd	0	dd
OR	cc	Dd	cc	dd

```
#include <emmintrin.h> // Define intrinsic functions
// Macro to type-cast an array address to a vector address:
#define ToVectorAddress(x) ((__m128i *)&(x))
void branch_loop2(short int g) {
    __m128i a, b, c, d, mask, zero, two, g_broadcast;
    int i;
    // Set zero to a vector of (0,0,0,0,0,0,0,0)
    zero = _mm_set1_epi16(0);
    // Set two to a vector of (2,2,2,2,2,2,2,2)
    two = _mm_set1_epi16(2);
    // Set g_broadcast to a vector of (g,g,g,g,g,g,g,g)
    g_broadcast = _mm_set1_epi16(g);
    for ( i = 0; i < SIZE; i += 8) {
        b = _mm_load_si128(ToVectorAddress(bb[i]));
        c = _mm_load_si128(ToVectorAddress(cc[i]));
        d = _mm_load_si128(ToVectorAddress(dd[i]));
        c = _mm_add_epi16(c, two);
        d = _mm_add_epi16(d, g_broadcast);
        // Compare each element in b to 0 and generate a bit-mask:
```

```
        mask = _mm_cmpgt_epi16(b, zero);
        // AND each element in vector c with the corresponding bit-mask:
        a = _mm_and_si128(c, mask);
        // AND each element in vector d with the inverted bit-mask:
        mask = _mm_andnot_si128(mask, d);
        // OR the results of the two AND operations:
        a = _mm_or_si128(a, mask);
        _mm_store_si128(ToVectorAddress(aa[i]), a);
    }
}
```

6.4.3 自动矢量化

前面已经介绍过，自动矢量化通过使用SIMD技术来提高应用的性能，要进行矢量化，需要使用那些针对特定处理器的优化选项/Q[a]x{T|P|N|W|K}，同时一般也应该使用/O2或者/O3自动编译选项。由于自动矢量化一般要进行代码展开，生成的代码要更大一些，所以使用/O1选项时一般不会进行自动矢量化。如果一个循环有数据依赖或者编译器无法确定是否具有数据依赖，为了安全起见，编译器会选择不进行自动矢量化。编译器的选项/Qansi-alias指定内存别名采用ANSI的规则，/Qrestrict允许在代码中使用restrict关键字，/Qipo使用过程间优化来检查是否有别名存在、变量是否16 B对齐，这些都有助于编译器判别数据依赖是否存在。为了利用SIMD的并行计算功能，经常要进行循环展开，因此决定循环展开最大次数的/Qunroll选项有助于让编译器决定如何进行自动矢量化。

Intel C++提供/Qvec-report<level>来控制有关自动矢量化的优化报告信息，level取值0～5，缺省为1，表示给出那些进行了自动矢量化的循环的报告。如果level为0，则表示不显示优化信息；level为2表示除了哪些循环自动矢量化外，还要给出哪些循环没有自动矢量化的报告；level为3，表示在第2级的报告的基础上还给出由于哪些数据依赖而没有进行自动矢量化；level为4仅仅显示哪些没有自动矢量化的循环；level为5报告哪些没有自动矢量化以及具体的原因是什么。你在进行自动矢量化的优化时，可以首先使用level 2来找出哪些循环没有矢量化以及不能进行矢量化的原因的简单描述。如果你发现这个循环对于整个应用的性能非常重要，并且是由于数据依赖而导致无法矢量化，这时你可以使用level 3来找出有哪些数据依赖存在。

因为要进行自动矢量化，也就是要求原来串行执行的操作同时执行，显然这些同时执行的操作之间应该没有数据依赖存在。数据依赖一般有三种，第一种为流数据依赖，又称为RAW(read-after-write)，即后面的语句要读取前面写的变量：

```
x = 100;
y= x+10;
```

第二种为反(anti)数据依赖，又被称为WAR(write-after-read)，即前面的语句读的变量为后面的语句写的变量：

```
y=x+10;
x=100;
```

最后一种为输出(output)数据依赖，又称为WAW(write-after-write)，即前后两条语句都会写同一个变量：

```
x= 100;
x= y+10;
```

自动矢量化的优化一般用在那些通过循环来访问数组的相邻元素中。我们来看一个例子：首先循环体第一行和第四行写同一个数组元素a[i]，因此它们是输出依赖，第二行和第三行对于x[i]有反依赖，第一行和第二行对于a[i]为流依赖，第二行和第四行对于b[i]有流依赖，第三行和第四行对于x[i]有流依赖，这些依赖都是属于同一个循环迭代的循环体中的数据相关，称为循环独立的数据相关。同时，我们注意到，对于循环体的第一条语句，前后两次循环中后面的循环a[i+1]会用到前一次循环写的变量a[i]，也就是说具有流依赖，这个流依赖属于不同循环迭代，称为循环携带(loop-carried)的数据依赖。

```
for (i=0; i<=100; i++){
        a[i] = a[i-1] + C * y[i];
        b[i] = x[i] + a[i];
        x[i] = C * y[i];
        a[i] = x[i] + b[i];
}
```

具有数据依赖的循环很难进行自动矢量化，这个时候就可能需要程序员根据具体应用的语义修改循环体或者循环来使得数据依赖不再存在。对于那些循环独立的数据依赖，由于发生在循环体中，因此有时可以通过循环分割来消除依赖，考虑下面的代码：

```
for(i=0; i<N; i++){
        a[i] = b[i] + c[i];
        q[i] = m[i] - v[i];
```

```
    for (j = 0; j<M; j++){
        d[j] = a[i] * e[j];
    }
}
```

在循环体中对于 a[i]有流相关,上述代码可以优化为:

```
for(i=0; i<N; i++){
    a[i] = b[i] + c[i];
    q[i] = m[i] - v[i];
}
for(i=0; i<N; i++){
    for (j = 0; j<M; j++){
        d[j] = a[i] * e[j];
    }
}
```

有的时候循环可能会有反依赖,可能无法直接进行循环分割,这个时候可以调换循环体语句的顺序,然后进行循环分割来进行自动矢量化,考虑下面代码:

```
for(i=0; i<LEN; i++){
    d[i] = a[i-1] * e[i];
    a[i] = b[i] + c[i];
}
```

注意:为了利用 SIMD 指令,需要进行循环展开,这个时候就会发现出现了对于 a[i]的反依赖,但是,仔细研究循环的语义后就会发现,如果改变两个语句的顺序并且循环分割,之后数据依赖就可以消除。代码可以优化为:

```
for(i=0; i<LEN; i++){
    a[i] = b[i] + c[i];
}
for(i=0; i<LEN; i++){
    d[i] = a[i-1] * e[i];
}
```

编译器在判别数据依赖时一般会采取相应保守的策略,如果有时你能够确保不会出现数据依赖,那么你就可以使用#pragma ivdep 来指示编译器忽略那些保守的数据依赖假设。在下面的代码片段中,如果 k<0,可能会出现数据依赖,如果 k>0,则可以安全地进行矢量化,因此,如果你知道在调用 func 时 k 一定为会大于

0,则可以使用 ivdep：

```
void func(int *a, int k, int c)
{
  int i ;
  #pragma ivdep
  for (i = 0; i < MAX; i++)
    a[i] = a[i + k] * c;
}
```

在循环中，如果有可能出现内存别名时，也可能无法自动矢量化，或者编译器虽然将其进行了自动矢量化，但是可能会生成两个版本：一个版本是矢量化，一个版本是原来的串行执行。同时插入一段代码在运行时检测并判断执行版本。所谓内存别名指的是在一个程序中可能会有多个地方会引用到同一个内存位置，因此在访问该内存时就无法保证内存中的内容是否在别的地方被修改了。为了减少可能的内存别名，应该尽量减少使用全局变量，而应使用局部变量。同时，取变量的地址运算也会导致内存别名，因此应尽量避免。过程间优化通过分析变量和函数的调用情况，能够知道哪些内存不会被同时在两个或者多个地方使用，从而知道哪些内存没有别名存在，但是并不是所有的内存别名都能够被分析出来。

```
void test_vec_multiversion(int n,int a, double *  x, double *  y){
    int i;
    for (i=0; i<n; i++)
        y[i]=y[i]+a*x[i];
}
```

上面的代码编译后矢量优化报告为：

test_vec2.c(17)：(col. 2) remark：LOOP WAS VECTORIZED.

test_vec2.c(17)：(col. 2) remark：loop skipped：multiversioned.

因为编译器不知道 x 和 y 指向的内存单元是否重叠，如果你知道在调用该函数时不会重叠，你可以通过在循环前增加 #pragma ivdep 来告诉编译器 x 和 y 指向的内存地址不存在重叠关系。

在判断一个循环是否可以自动矢量化时，一般要求循环是可计数的，并且应该只有一个循环出口。因为 SIMD 要求对于同一种类型的连续数据执行同一个操作，所以应尽量避免把不同类型的数据混合使用，同时避免使用那些无法使用矢量化的语句，避免采用复杂的控制结构，尽量使用那些单步长的访问模式。虽然

Intel 编译器能够支持那些步长不为 1 的访问，但是经常需要经过多个载入或者数据重组，或者采用那些标量方式的 SIMD 指令进行计算，从而会降低部分应用的性能。我们首先来看下面的代码：

```
for (i = 0; i < len; i++) {
    if (a[i] > 100)
        a[i] = a[i] -100;
    else
        break;
}
for (i=0; i < len(c); i++)
  a[i] = a[i] + 100;
```

第一个循环有两个出口，第二个循环的出口条件是 i<len(c)，因为每次调用 len 可能返回不同的值，因此循环是不可计数的，都不能进行矢量化。我们再看另外一段代码：

```
for (i = 0; i <len; i++) {
    x[i]= fabs(x[i]);
    printf("x[%d]=%f\n",i,x[i]);
}
```

上面的代码在循环体中使用 printf 函数，该函数无法进行矢量化，代码可以改变如下。注意 fabs 是矢量化函数，不会影响循环的自动矢量化，如果是调用其他的普通函数，则由于不知道函数是否有额外效应，从而导致无法矢量化：

```
for (i = 0; i <len; i++) {
    x[i] = fabs(x[i]);
}
```

下面一段代码在计算 aa[i]时采用了相对较为复杂的表达式，在进行编译时有可能无法自动矢量化：

```
for ( i = 0; i < SIZE; i++)
    aa[i] = (bb[i] > 0) ? (cc[i] + 2): (dd[i] + g);
```

上面的代码可以用一个简单的条件语句来代替，从而可以矢量化：

```
for ( i = 0; i < SIZE; i++) {
    if (bb[i] > 0)
        aa[i] = cc[i]+2;
    else
```

```
    aa[i] = dd[i]+g;
}
```

编译器在分析循环结构以及数据依赖情况时，发现可以进行自动矢量化后，一般还会通过一个矢量化效率分析来判别是否有必要进行自动矢量化。考虑下面代码，由于采用步长为2的循环，进行矢量化后的代码可能相比串行代码的改进并不是非常大，编译器会选择不进行矢量化：

```
for ( i = 0; i <len; i += 2 )
  x[i] = x[i+1];
test_vec2.c(10): (col. 3) remark: loop was not vectorized: vectorization
possible but seems inefficient.
```

你可以通过＃pragma vector always告诉编译器跳过效率分析把那些可以自动矢量化的循环进行矢量化，同时你也可以通过＃pragma novector告诉编译器不要尝试对循环进行自动矢量化。同时，在进行矢量化效率分析时，循环次数的不同其结果显然会有不同，因此你也可以通过＃pragma loop count(int)来估计循环的次数。在前面介绍intrinsic时已经提到SIMD指令一般都要求16 B对齐，对于那些不是16 B对齐的变量的访问，需要许多额外的工作，包括使用时钟周期更长的不对齐的MOV指令，因此为了提高矢量化的性能，应该尽可能使用那些16 B对齐的变量，在变量定义中可以通过__delspec(align(16))来说明。在那些使用这些变量的函数里面，则通过__assume_aligned(var,16)来告诉编译器在这个函数里面可以假设该变量是16 B对齐的。下面代码给出了如何定义16 B对齐的变量以及在使用该变量时如何通知编译器为16 B对齐的例子：

```
void CallAddTwo() {
    __declspec (align(16)) float a[512], b[512];
//
    AddTwo(a, b, 512);
}

void AddTwo(float *  aa, float * bb,int size) {
    int i;
    // Tell  compiler that pointers are aligned:
    __assume_aligned(aa,16); __assume_aligned(bb,16);
    for ( i = 0; i < size; i++) {
        aa[i] = bb[i] + 2.0f;
```

```
    }
}
```

Intel编译器还支持另外一种方法来处理16字节对齐的变量访问，#pragma vector aligned告诉编译器接下来的循环中所访问的内存地址都是16 B对齐的：

```
void AddTwo(float *  aa, float * bb,int size) {
    int i;
    #pragma vector aligned
    for ( i = 0; i < size; i++) {
        aa[i] = bb[i] + 2.0f;
    }
}
```

现在的处理器都支持流式存储，即如果要写的变量在以后不会被使用，可以直接写到内存单元中，而不需要通过缓存，这样可以减少缓存的污染：

```
#pragma vector nontemporal
for (i = 0; i < MAX; i++)
  a[i] = b[i];
```

6.5 Intel性能库

6.5.1 Intel数学核心函数库MKL

intel数学核心函数库MKL的全称就是Math Kernel Library，为那些需要许多科学计算的工程、科学及金融等领域的应用程序提供了针对Intel处理器而特别优化的线程安全的数学函数，这些数学函数包括线性代数(BLAS与LAPACK)、线性代数(稀疏矩阵解算器)、快速傅立叶变换(FFT)、矢量数学库(VML)以及随机数生成器等。

Intel C++编译器和Fortran编译器支持MKL，微软的Visual C++ 2002以上的编译器也可以使用MKL。要使用MKL，应该告诉编译器MKL所在的执行文件、头文件和库函数所在的目录，你可以通过运行<MKL安装目录>\tools/environment下面的mklvars32.bat或者mklvars64.bat来设置相应的环境变量。如果是在微软集成开发环境中，以Visual Studio 2005为例，通过菜单上的Tools>Options>Projects and Solutions>VC++ Directories来进行设置，点击界面上的Show directories for分别选择Includes Files/Library Files/Executable Files，把

MKL 对应的头文件、库和 DLL 所在的目录加入进去(见图 6.12)。

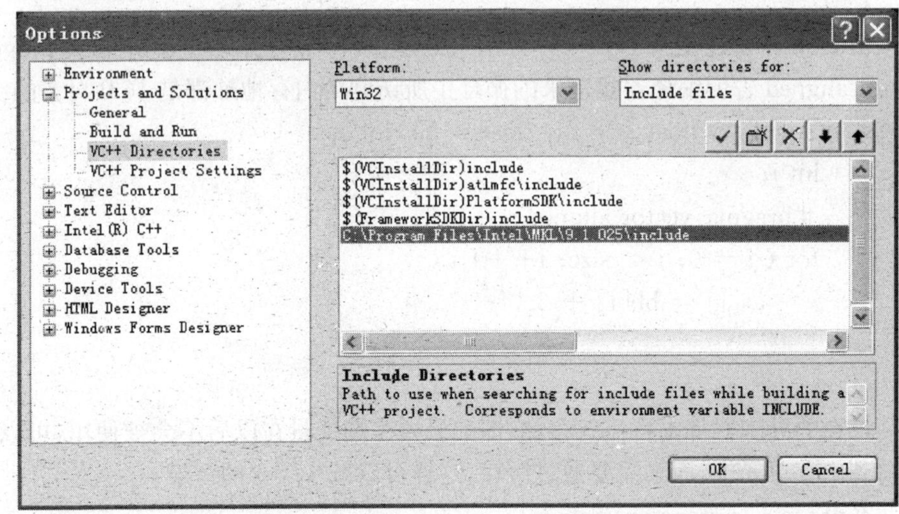

图 6.12　Visual Studio 2005 开发环境加入 MKL 目录

MKL 库支持静态和动态连接方式,静态连接方式中,你的程序要调用的 MKL 函数在连接时就进行解析并且包含在执行文件中(见图 6.13),这样产生的代码相对来说比较大,好处是执行时与该机器是否安装有 MKL 库或者安装了哪个版本的 MKL 库无关。动态连接方式中,程序调用的 MKL 函数是在实际运行时进行解析的,如果 MKL 动态库没有加载进内存,则首先加载。如果多个程序都使用了 MKL 动态库,则只需要加载一次,这些程序共享同一个 MKL 库,这样,动态库可以大大减少执行代码的大小,并且允许 MKL 在升级到新的版本的同时不需要对原来的执行文件进行重新编译。

MKL 库支持两种方式的调用接口,对于采用 cdecl 接口(微软 Visual C 采用的缺省接口)而言,对应的静态 MKL 库为 mkl_c. lib,动态库为 mkl_c_dll. lib;而对于 stdcall 接口而言,对应的静态 MKL 库为 mkl_s. lib,动态库为 mkl_s_dll. lib。MKL 库支持的函数是线程安全的,对于线程的支持也支持静态和动态连接方式,对应的库分别为 libguide. lib 和 libguide40. dll,MKL 建议采用动态线程库,即便 MKL 库是采用静态连接方式。下面命令行方式中,my. c 在调用 MKL 函数时采用 cdecl 接口的静态库:

icl. exe my. c mkl_c. lib libguide40. lib

在微软集成开发环境中,同样以 Visual C++ 2005 为例,可以通过选择 Project 的 Properties 窗口,进一步选择 Configuration Properties＞ Linker＞

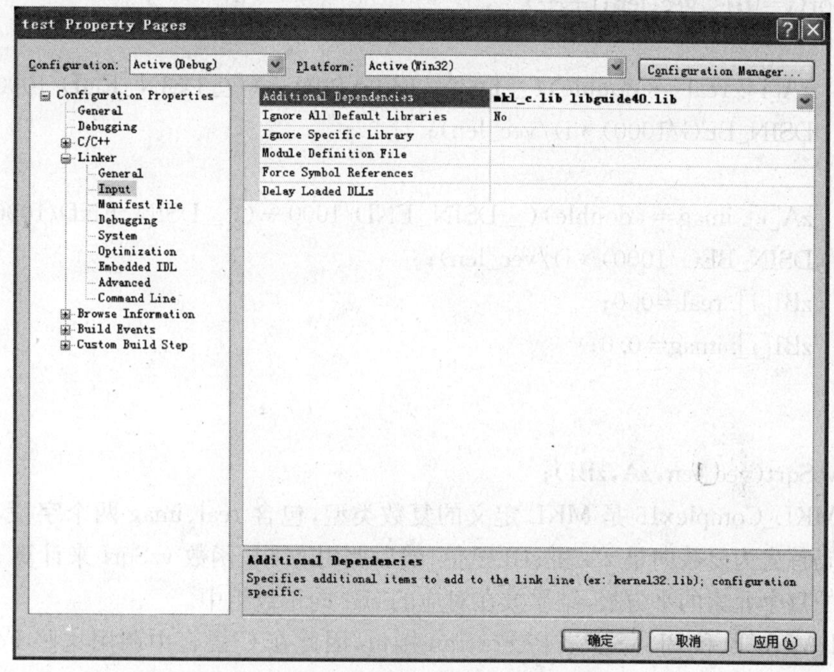

图 6.13　采用静态连接方式使用 MKL 函数

Input，在 Additional Dependencies 中加入希望连接的 MKL 库。

MKL 函数库主要支持 C/C＋＋和 Fortran 语言。但是并不是所有的函数都支持这两种语言的调用，例如，LAPACK、BLAS 就没有提供 C 语言的接口，并不直接支持 C 语言。但是你可以 C 语言中使用混合语言调用方式来调用这些函数。由于 MKL 支持的函数非常多，不可能在这里一一介绍，因此，这里主要介绍如何在 C 语言中调用 MKL 的函数，而不是介绍这些函数，MKL 支持的函数细节可以参考 Intel MKL 的参考手册。

对于那些支持 C 接口的 MKL 函数，调用这些函数与调用其他函数没有什么区别，考虑下面例子：

```
#include "mkl_vml.h"

MKL_Complex16 zA[VEC_LEN],zB1[VEC_LEN];

MKL_INT i=0,vec_len=VEC_LEN;
```

```
for(i=0;i<vec_len;i++) {

  zA[i].real=(double)(__DSIN_BEG/1000+((__DSIN_END/1000-__DSIN_BEG/1000)*i)/vec_len);

  zA[i].imag=(double)(__DSIN_END/1000-((__DSIN_END/1000-__DSIN_BEG/1000)*i)/vec_len);
  zB1[i].real=0.0;
  zB1[i].imag=0.0;
}

vzSqrt(vec_len,zA,zB1);
```

MKL_Complex16 是 MKL 定义的复数类型，包含 real、imag 两个字段，上面的代码首先为复数向量 zA 和 zB1 赋值，然后调用 MKL 函数 vzSqrt 来计算 zA 数组中的每个元素的平方根，结果放在对应的 zB1 向量数组中。

LAPACK 和 BLAS 只支持 Fortran 接口，因此在 C 语言中调用这些 Fortran 接口时必须要考虑 Fortran 函数与 C 函数调用规则的不同：

Fortran 函数的参数传递是地址传递的，而 C 函数采用值传递，因此在 C 语言中调用 Fortran 函数时应该传递变量的地址。

Fortran 语言中数组的存储方式是按照列来存储的，而 C 语言中数组是按照行来存储的，因此在调用 Fortran 函数时数组的布局应该按照列来进行布局。

对于那些返回值为复数的 Fortran 函数，由于 C 语言支持的基本数据类型并不包含复数，因此直接调用该 MKL 函数会带来问题，但是 Fortran 也允许把本来要返回值的函数作为一个 Fortran 过程来调用，此时第一个参数用于保存函数的访问值，这样在 C 语言中调用返回复数的 MKL 函数时可以利用这一点。下面代码给出了在 C 语言中调用 Fortran 函数 zdotc(n,x,incx,y,incy)的例子，在这个例子中是通过调用 Fortran 过程 zdotc(result,n,x,incx,y,incy)来实现的，由于 Fortran 采用按地址传递，因此通过 C 语言调用时应该采用 zdotc(&result,&n,x,&incx,y,&incy)。

```
#include "mkl.h"

MKL_Complex16 zA[VEC_LEN],zB[VEC_LEN], result;
```

```
MKL_INT vec_len=VEC_LEN,i, inca=1,incb=1;

for(i=0;i<vec_len;i++) {
  zA[i].real=(double) i;
  zA[i].imag=(double) i*2.0;
  zB[i].real=(double) (vec_len-i);
  zB[i].imag=(double) i*2.0;
}
zdotc( &result,&vec_len, zA, &inca, zB, &incb );
printf("The complex dot product is: ( %6.2f, %6.2f)\n", result.real,
result.imag);
```

MKL 对于基本线性代数库 BLAS 还提供了 CBLAS 接口,这样你可以通过正常的 C 函数调用规则调用 CBLAS 接口来访问 BLAS 库中的 Fortran 函数:

```
#include "mkl.h"

MKL_Complex16 zA[VEC_LEN],zB[VEC_LEN], result;

MKL_INT vec_len=VEC_LEN,i, inca=1,incb=1;

for(i=0;i<vec_len;i++) {
  zA[i].real=(double) i;
  zA[i].imag=(double) i*2.0;
  zB[i].real=(double) (vec_len-i);
  zB[i].imag=(double) i*2.0;
}
cblas_zdotc_sub(vec_len, zA, inca, zB, incb,&result);
printf("The complex dot product is: ( %6.2f, %6.2f)\n", result.real,
result.imag);
```

6.5.2 Intel 高性能多媒体函数库 IPP

“Intel Integrated Performance Primitives”(Intel IPP)软件库为多媒体处理提供了丰富的函数支持,包括音频解码器(如 H263、MPEG-4)、图像处理 (JPEG)、信号处理、语音压缩(如 G723、GSM、AMR)和加密机制。这些函数可以用于向量与图像处理、颜色转换、过滤、分屏、设置域值、变换，以及算术、统计、几何与图形运算等。IPP 把多媒体处理和计算中需要大量计算的函数集成到一个软件库中，这也是“Integrated”表示的含义。

Intel IPP 针对大量的 Intel 微处理器进行了优化，比如使用 SIMD 扩展 MMX、SSE、SSE2、SSE3、SSSE3 等，通过采用一套跨平台结构的通用 API，用户不用自己去手工编写代码来针对处理器进行优化，底层的优化完全交给 Intel IPP 完成，因此，使用 Intel IPP 不需要担心硬件平台兼容性的问题，更节省了开发成本以及研发时间，应用程序可以运行在其他处理器上，而不用担心没有利用处理器的性能，这是“Performance”表示的含义。

Intel IPP 提供原语级(Primitive)的 API 接口，也就是说，IPP 的函数仅仅包含一个比较小的、低开销的底层功能，这样，IPP 函数体中一般没有分支，并且对于内存的开销非常小，用户在使用 Intel IPP 时一般只是调用其中的少数几个函数，这为原语设计提供了便利。

使用 IPP 进行编程时，与前面介绍的 MKL 类似，应该告诉编译器 IPP 所在的执行文件、头文件和库函数所在的目录，你可以通过运行＜IPP 安装目录＞\tools/env 下面的 ippenv. bat 来设置相应的环境变量。如果是在微软集成开发环境中，以 Visual C＋＋ 2005 为例，通过菜单上的 Tools＞Options＞Projects and Solutions＞VC＋＋ Directories 来进行设置，点击界面上的 Show directories for，分别选择 Includes Files/Library Files/Executable Files，把 IPP 对应的头文件、库(lib 与 stublib)、DLL 所在的目录加入进去。

如何与 IPP 函数库连接在一起？首先注意到 IPP 针对大多数 Intel 处理器都进行了优化，因此你在调用某个 IPP 函数时，比如 ippsCopy_8u()，最后实际要调用该 IPP 函数的某个针对处理器优化的版本，比如使用了 SSE2 的 P4 处理器版本 w7_ ippsCopy_8u()，也就是要经过一次分派(dispatch)过程。

Intel IPP 提供了四种连接方法，第一种方法是动态连接方式，在这种方式中，执行程序在连接过程中实际上是和位于安装目录下面的 stublib 中的 IPP 库连接在一起的，其中 ippcore 用于在运行时检测所使用的 CPU，而其他库则根据 CPU 来调用实际的针对其进行优化的函数，比如 ipps. lib 中的 IPP 函数在被第一次调用时会把其对应的 ipps－5. 1. dll 加载进来，在该 DLL 初始化时会根据 ippcore 中的 ippCoreGetCpu()来获得运行的 CPU 参数，然后根据检测到的当前运行环境的 CPU，加载针对该 CPU 优化的动态连接库。比如 P4 处理器上对应的 DLL 为 ippsw7－5. 1. dll，同时把 IPP 函数与对应的针对特定处理器的函数连接起来，以后再调用 ipps. lib 中的函数时就会分派到最终的 CPU 相关的函数。上面描述的检测和分派过程是自动的，用户只需要在程序里面包含对应的头文件（比如 ipp. h 和 ipps. h），同时在连接时加入对应的 stub 库 ipps. lib，当然，在执行时为了能够加载对应的 DLL，要求 IPP 的运行库必须在机器上安装，并且在系统的搜索路径上。在安装目录中的 tools\runtime 给出了一个 IPP 运行库的安装程序，你如果不想在执行的机器上面安装整个 IPP 包时，就可以运行该程序来仅仅安装运行库。采用动态连接的好处是用户在升级 CPU 之后并不需要重新编译或者连接，IPP 会自动分派到对应的优化库。下面给出了一个采用命令行方式进行编译的例子：

icl. exe ippDemo1. c ipps. lib

动态连接方式的程序在执行时要求有 IPP 运行库，但是程序可能只是调用整个 IPP 函数库中的一小部分，针对这种情况，IPP 提供了第二连接方法——定制动态连接方式，其基本思想是用户自己定制一个 DLL，并且在 DLL 中为要使用的 IPP 函数编写一个 wrapper 函数，这样经过编译器生成的 DLL 就仅仅包含了你要调用的 IPP 函数，在执行环境中就不再需要 IPP 运行库，只要定制的 DLL 就可以了。

第三种 IPP 连接方法为静态连接方式，静态连接方式使用的库函数位于 IPP 安装目录下的 lib 目录。第一种静态连接方式支持对于处理器的分派过程，和动态连接有些类似，ippcorel. lib 包含了检测运行环境的 CPU 函数 ippStaticInit()，同时 ippsemerged. lib 给出了属于 ipps 域的 IPP 函数的入口，该入口函数会根据 CPU 来分别调用针对处理器优化的函数。ippsmerged. lib 包含了针对各种处理器的 ipps 函数。因此，采用支持分派的静态连接方式，必须在程序代码里面包含相应的头文件（比如 ipp. h 和 ipps. h），同时在调用任何 IPP 函数之前调用 ippStaticInit()以初始化静态分派过程。在连接时应该增加分派库 ippsemerged. lib、针对各种处理器优化的 ippsmerged. lib 和 CPU 检测的核心库 ippcorel. lib。下面给出采用命令行方式编译的例子：

icl. exe ippDemo2. c ippsemerged. lib ippsmerged. lib ippcorel. lib

如果在微软集成开发环境中，同样以 Visual C＋＋ 2005 为例，可以通过选择 Project 的 Properties 窗口，进一步选择 Configuration Properties＞ Linker＞ Input，在 Additional Dependencies 中加入希望连接的 IPP 库。

第四种 IPP 连接方法仍为静态连接方式，但并不包含分派过程，而是在连接时直接连接到针对特定处理器的函数。如果要调用 ipps 域的函数 ippsCopy_8u()，只需要连接 ippsmerged. lib 就可以了。当然，在程序代码中除了包含必要的头文件（比如 ipp. h 和 ipps. h）外，还必须指定调用的 IPP 函数是针对哪个 CPU 的。比如要运行在 P4 处理器上，调用的函数应该为 w7_ippsCopy_8u()。

上面四种连接方式中，由于动态连接方式支持自动分派和运行代码共享，大部分应用都可以采取这种方式，定制的动态连接方式则可以进一步减少需要在运行的环境中安装 DLL 所占的空间，而对于那些希望减少内存但是希望支持多个处理器平台的应用或者嵌入式设备应用，可以采用支持分派的静态连接方式。不支持分派的静态分配方式适合于专门针对某个处理器平台的应用和设备驱动程序。

```
#include "ipp.h"

Ipp8u pSrc [SIZE], pDst[SIZE];
int i;
for (i=0; i < SIZE; i++)
   pSrc[i] = (Ipp8u) i;
ippsCopy_8u(pSrc, pDst, SIZE);
```

```
#include "ipp.h"

Ipp8u pSrc[SIZE], pDst[SIZE];
int i;
for (i=0;  i < SIZE; i++)
   pSrc[i] = (Ipp8u) i;
ippStaticInit();

ippsCopy_8u(pSrc,pDst, SIZE);
```

IPP 针对处理器的优化大量利用了 SIMD，因此 IPP 定义了一些明确指明所占的比特大小的基本的数据类型，如果简单地采用 C 的基本类型，比如 short 整数可能是 16 bit 或者 32 bit 的整数，这样会带来许多问题。IPP 定义的基本数据类型的格式为：IppNN<u|s|f>[c]，其中 NN 表示该类型占用的比特个数，u 表示无符号类型，s 表示带符号类型，而 f 表示浮点数，c 表示复数类型。比如 Ipp8u 表示一个 8 bit 的无符号字符(unsigned char)，而 Ipp32f 表示一个 32 bit 的浮点数，Ipp64f 表示一个 64 bit 的双精度浮点数。

IPP 支持的函数按照要处理的数据布局的方式可以分为三大部分，其中第一个部分主要针对那些一维数组进行运算，比如两个一维数组相加，计算数组中每个元素的 sin 函数等。由于这些运算大量用在信号处理中，因此被称为信号和数组域。第二个部分主要针对二维数组进行运算，二维数组经常用来表示图像，因此被称为图像域。最后一个部分主要针对那些作为线性方程或者数据向量而进行线性代数运算的一维和二维数组，被称为向量和矩阵域。

IPP 函数采用了一个非常方便和有效的命名规则，根据函数名就能够了解到该函数要完成的功能。IPP 函数名包括下面字段：函数域、执行的操作、数据类型和可选的执行模式。属于信号和数组域的函数以 ipps 开始，属于图像域的函数以 ippi 开始，属于向量和矩阵域的函数以 ippm 开始，而有些 IPP 函数可能不属于上面三个域，则以 ipp 开始，比如前面提到的 ippGetCpuClocks()等。我们通过几个例子来说明 IPP 函数的命名规则：首先是 ippsDivC_32f，从函数名我们可以看出，它属于信号域(s),执行除法(Div)运算,C 表示除以一个常数,而最后的 32f 表示执行的 32 bit 浮点数的除法运算。其次是 ippmAdd_vv_32f_3x1,从函数名可以看出,该函数属于向量和矩阵域(m),执行加法(Add)运算,vv 表示一个向量加另外一个向量,而向量的大小为 3X1(最后的 3x1),向量元素为 32 bit 浮点数。

IPP 函数的参数也是采用一个标准的格式,参数的顺序为源操作数在最前面,目的操作数次之,最后是和具体操作相关的其他参数,对于那些指针参数,参数名以小写的 p 开始,比如 pSrc、pDst 等。

由于篇幅的关系,本书不可能对于 IPP 的具体函数作详细的描述,因此,最后我们用一个使用 IPP 中的正则表达式函数的例子来结束 IPP 的介绍。

```
#include "ippcore.h"
#include "ipps.h"
#include "ippch.h"

void sgrep(Ipp8u *pPattern,int global, Ipp8u *pLine)
{
   // Pointer to the structure containing internal form of a regular expression
   IppRegExpState* pRegExpState;
   int errOffset;   // Offset into the pattern if compiling is break
   IppStatus status;
   IppRegExpFind pFind;
   int numFind;

   const IppLibraryVersion  *pLibVersion  = ippchGetLibVersion();
   fprintf(stdout, "This program is based on %s version %s [of the %s].
   \n", pLibVersion->Name, pLibVersion->Version, pLibVersion->
   BuildDate);

   status = ippsRegExpInitAlloc(pPattern, global ? "g" : "",
   &pRegExpState, &errOffset);
   if( ippStsNoErr! = status ) {
       fprintf( stderr, "Can't compile pattern. %s in offset %d.\n",
                          ippGetStatusString(status), errOffset);
       return;
```

```
    }
    //Limitation of value of the matches that are kept in stack for the avoid of
    stack overflow
    ippsRegExpSetMatchLimit(LINE_SIZE, pRegExpState);

    numFind = 1;
    status = ippsRegExpFind_8u(pLine, (int)strlen((char *)pLine),
    pRegExpState, &pFind, &numFind);
    if((ippStsNoErr == status) && numFind){
      fprintf(stdout, "Matched String: [%s]",pFind[0].pFind);
    }
    ippsRegExpFree(pRegExpState);
}
```

习　题

(1) 什么是微指令？它与 IA-32 指令之间有什么关系？

(2) 什么叫 taken 分支和 untaken 分支，Intel Core 微体系结构采用了哪些分支预测机制？

(3) 下面代码可以利用 SIMD 指令来消除分支以进行优化，请简单描述使用了哪些 SIMD 指令？

```
short arr[10000];
int i;
for (i = 0; i < 1000; i++) {
  if (arr[i] > 255) {
    arr[i] = 255;
  }
}
```

(4) 请问什么是指令和数据访问的时间和空间局部性？

(5) 缓存缺失可以进一步分为三种类型，请给出这三种类型的缺失以及产生的原因。

(6) 未对齐的数据访问的性能会有所下降，请给出两种保证数据 16 bit 对齐的方法。

(7) 你可以查询Vtune支持的事件，请从中寻找出那些有助于寻找内存访问的热点的主要事件。

(8) 什么是流式存储？Intel C++编译器是怎样采用流式存储的？

(9) Intel C++编译器可以通过四种方式来使用SIMD优化性能，请分别给出这四种方式的特点。

(10) 请给出一个不能进行自动矢量化的循环例子，该循环包含多条语句，这些语句之间存在数据依赖。

参考文献

[1] Hyde R 等. 韩东海，等，译. 编程卓越之道(第一卷)：深入理解计算机(WRITE GREAT CODE：Volume 1：Understanding the Machine)[M]. 北京：电子工业出版社，2006.

[2] Hyde，等. 张菲，等，译. 编程卓越之道(第二卷)：运用底层语言思想编写高级语言代码(Write Great Code Volume 2：Thinking Low-Level，Writing High-Level)[M]. 北京：电子工业出版社，2007.

[3] Gerber R. 等. 王涛，等，译. 软件优化技术 IA－32 平台的高性能手册(第二版)(The Software Optimization Cookbook High-Performance Recipes for IA－32 Platforms，Second Edition)[M]. 北京：电子工业出版社，2007.

[4] David O'Hallaron. 龚奕利，等，译. 深入理解计算机系统(修订版)(Computer Systems A Programmer's Perspective)，Randal E. Bryant [M]. 北京：中国电力出版社，2004.

[5] Stewart Taylor. Intel® Integrated Performance Primitives How to Optimize Software Applications Using Intel® IPP[M]. Intel Press，April 2004.

[6] Intel® 64 and IA－32 Architectures Software Developer's Manual Volume 1：Basic Architecture.

[7] Intel® 64 and IA－32 Architectures Software Developer's Manual Volume 2A，2B：Instruction Set Reference.

[8] Intel® 64 and IA－32 Architectures Optimization Reference Manual.

[9] Intel® C++ Compiler Documentation.

[10] Intel® VTune™ Performance Analyzer help.

[11] Intel® Math Kernel Library User's Guide.